MAEDEL · GIGANTEN DER SCHIENE

GIGANTEN DER SCHIENE

VON ELEKTROLOKS UND DIESELMASCHINEN, PFERDESTÄRKEN UND SCHNELLEN ZÜGEN

VON
KARL-ERNST MAEDEL

Mit 27 Abbildungen im Text
5 Farb- und 110 Schwarzweißfotos
auf 52 Kunstdrucktafeln

FRANCKH'SCHE VERLAGSHANDLUNG STUTTGART

Einband und Schutzumschlag (unter Verwendung eines Farbfotos von Ralf Roman Rossberg) gestaltet von Edgar Dambacher
Textzeichnungen von Karl Stephan

Tafelbilder: AEG-Werkfoto (S. 18), Akkumulatorenfabrik Hagen (S. 20 o.), Archiv (S. 124 o.), BBC-Werkfoto (S. 34), Lokomotivbild-Archiv Bellingrodt (S. 19 o., 101 o., 101 M.), Deutsche Bundesbahn (S. 31 o., 66 u., 68 o.), Deutsches Museum (S. 17 o.), Hellmuth Fröhlich (S. 53 u., 55 o., 89 u., 90 u., 122 u., 123 o., 133 u., 134 o.), W. Hanold (S. 91), Lindmann (S. 121), Karl-Ernst Maedel (S. 32 o., 35 o., 55 u., 65 o., 68 u., 102 o., 102 M., 103 o., 104 o., 135 u.), MAN-Werkfoto (S. 92, 147, 148), Österreichische Bundesbahnen (S. 29 u., 36, 54, 56), Maschinenfabrik Oerlikon, Zürich (S. 19 M., 31 u., 90 o.), Reinhold Palm (S. 20, 77, 78 o.,79, 136), Rethel (S. 146), G. Scheingraber (S. 30 u., 33, 34, 68, 103 u., 145), Schweizerische Bundesbahnen (S. 29 o., 30 o., 78 u.), S.N.C.F. (S. 32 u., 53 o., 101 u., 122 o.), Southern Pacific (S. 123 u.), Toni Schneiders (S. 134 u.), Ullstein (S. 66 o., 133 o.), La Vie du Rail (S. 35 u.), Schweizerische Lokomotiv- und Maschinenfabrik Winterthur (S. 30 M.), G. Würfel (S. 80).

Anhang: Archiv, Lokomotivbild-Archiv Bellingrodt, Deutsche Bundesbahn, W. Hanold, Henschel-Werke, Karl-Ernst Maedel, Rethel, G. Scheingraber, J. Schulze.

Die Abbildungen auf den Seiten 65 u., 67, 89 o., 102 u. und 124 u. wurden mit freundlicher Genehmigung des Athenäum-Verlages Bonn dem Werk „Auf Europas Schienen“ entnommen; die Abbildungen auf den Seiten 17 u., 19 und 135 o. stammen aus dem Werk „100 Jahre deutsche Eisenbahnen“.

Sechste, neubearbeitete und ergänzte Auflage
41.—48. Tausend

Franckh'sche Verlagshandlung, W. Keller & Co., Stuttgart / 1971 / ISBN 3-440-03832-7
Druck: Johannes Illig, Buch- und Offsetdruck, Göppingen

GIGANTEN DER SCHIENE

Schwindel oder Spielerei

„Zum Trans-Europ-Express Rheingold bitte Platz nehmen und Türen schließen. Vorsicht bei der Abfahrt des Zuges!"

Verspätete Fahrgäste hasten herbei, Hände werden geschüttelt, Türen knallen, der Schaffner am letzten Wagen reckt den Arm in die Höhe. „Fertig!" ruft der Zugführer dem Aufsichtsbeamten zu. Die Spannung, die über dem Bahnsteig liegt, nähert sich dem Höhepunkt. Der Rotbemützte läuft die Wagenreihe entlang, nach vorn, zur Lok. Ein schriller Pfiff, über die Köpfe der Zurückbleibenden erhebt sich der Befehlsstab:

„Abfahrt!"

Aufmerksam hat der Beimann aus dem Fenster des Führerstandes der Ellok 110 die Vorgänge auf dem Bahnsteig beobachtet. Jetzt verschwindet er, ein kurzes Wort zu dem vor dem Fahrschalter sitzenden Lokführer:

„Ab!"

Tacketacketacke — tacketacke — tacketacke "

Die Schaltstufen knallen, die Lüfter heulen auf, ein Zittern geht durch den stählernen Leib der Lok, Kupplungseisen straffen sich, Sand sprüht in feinem Strahl auf die Schienen, unter der ungeheuren Gewalt von mehr als 5000 PS knirschen die Radreifen gegen das Gleis — der Zug rollt.

Hände winken, Tücher wehen, schneller und schneller werdend poltern die Wagen des Rheingold-Expreßzuges, eines modernen Zuges der Deutschen Bundesbahn, aus dem Bahnsteig. Der erste Schienenstoß singt den hundert Jahre alten Eisenbahnrhythmus:

„Pangpang — pangpang — — — pangpang — pangpang — — — "

Die Kuppel des Aussichtswagens, des Domcar, ragt fremdartig über die Wagenschlange hinaus. Sekunden nur, dann ist der Zug unseren Blicken entschwunden, dann singen die Räder lauter und lauter ihr jubelndes Lied fernem Ziel entgegen.

Die Geschäftigkeit des Bahnsteiges läßt bald das eben Erlebte vergessen, und der Aufsichtsbeamte zeigt am Richtungsweiser den nächsten Zug an.

Noch vor fünfzehn Jahren donnerten vor dem gleichen Zug die Auspuffstöße einer Dampflok der Baureihe 003 gegen die Bahnhofshalle, da hüllten feine, weiße Dampfschleier die Zurückbleibenden ein. Da hämmerte der schneller und schneller werdende Auspuff der Dampfmaschine in das Getriebe des Bahnhofs hinaus, noch lange Zeit als ein freundliches, fast ein sehnsüchtiges Echo im Ohr des Daheimbleibenden widerhallend.

Wie, ist das erst wenige Jahre her?

So schnellebig ist unsere Zeit. Elektroloks und Dieselmaschinen treten mehr und mehr an die Stelle der alten Dampfmaschine. Der Rheingoldzug, jener schon beinahe klassisch zu nennende Expreß, der Holland über die Rheinstrecken mit der Schweiz verbindet, mag Symbol für den grandiosen Aufschwung des Eisenbahnwesens der letzten Jahre sein. Im Jahre 1928 eingeführt, unterschied er sich trotz seiner luxuriösen Ausstattung hinsichtlich der Geschwindigkeit kaum von anderen Schnellzügen. Jahrelang zogen Dampflokomotiven seine lila-gelbe Garnitur. Nach dem Kriege fand er nur in bescheidener Weise eine Auferstehung. Erst mit der Elektrifizierung der Rheinstrecken ging es mit ihm wieder aufwärts, und heute steht er neben den anderen TEE — Trans-Europ-Expreßzügen — mit an der Spitze aller Züge der Deutschen Bundesbahn. Die Elektroloks der Reihe 110, die ihn führen, wurden eigens für eine Höchstgeschwindigkeit von 160 km/h umgebaut, die er mehrfach erreicht.

So nimmt die Eisenbahn heute Formen an, die noch vor Jahren als phantastisch galten. Heute sind die Elektroloks und Dieselmaschinen die Giganten der Schiene. Ihrem Einsatz ist die ständige Steigerung der Geschwindigkeiten zuzuschreiben, die — wie erstmals französische Versuche im Jahre 1961 bewiesen haben — auf Strecken der klassischen Bauweise bis auf 200 km/h gesteigert werden können. Die Dampflokomotiven treten gänzlich in den Hintergrund und es lohnt sich, einmal den Giganten der Gegenwart nachzuspüren, nach dem Werden der Elektro- und Diesellok zu fragen. Denn die Elektrolok ist auch nicht mehr die jüngste. Mit 130 Jahren auf den Rädern hat man schon eine gewisse Vergangenheit.

Wie — 130 Jahre?"

Tatsächlich, man hält es nicht für möglich. Johann Philipp Wagner hat schon 1840 eine elektrische Eisenbahn erfunden.

Das ist eine kuriose Geschichte.

Was waren das damals für Zeiten, anno 1840! Die Welt war voll von der neuen Eisenbahn! Allüberall wurden Bahnstrecken gebaut und der Dampfwagen war Tagesgespräch. Zwischen Nürnberg und Fürth, zwischen Leipzig und Dresden, zwischen Berlin und Potsdam schnaufte schon das Dampfroß, die Düsseldorfer hatten schon ihre Eisenbahn bekommen, und auch die neue Taunusbahn zwischen Frankfurt und Wiesbaden war kürzlich eröffnet worden. Hei, wie hatten diese Ereignisse die Gemüter der Frankfurter bewegt, und erst allmählich beruhigte man sich. Nach und nach wurde man mit den beiden dampfspeienden Ungetümen, dem „Blitz" und dem „Greif", den beiden ersten Lokomotiven der Bahn, vertraut.

Aber die Frankfurter sollten nicht zur Ruhe kommen. Kaum war man sich darüber klar geworden, welche große Bedeutung der neue Dampfwagen für Handel und Gewerbe mit sich bringen würde, da geisterte ein neues Gerücht durch die alte Reichsstadt. Der Mechanikus Johann Philipp Wagner, der aus Fischbach im Nassauischen zugereist war, hatte in seiner Frankfurter Werkstatt eine kleine Eisenbahn gebaut, die von einer unsichtbaren Kraft angetrieben, stundenlang im Kreise herumfuhr. Das tollste war, niemand sah etwas von dieser geheimnisvollen Kraftquelle, die imstande war, eine solche Energie zu entfalten.

„Des muß mer gesehe hawe!" sagten die Frankfurter und kamen voller Neugierde, das Wunder zu betrachten. Aber auch die Fachwelt interessierte sich lebhaft dafür. Es ging beinahe so zu wie damals 1808 in London, als der verrückte

Kerl, der Trevithick, eine Dampflokomotive für Geld im Kreis herumfahren ließ.

Nun, der Mechanikus Wagner verlangte kein Eintrittsgeld, er sonnte sich im Glanze des eigenen Ruhmes. Er hatte aber auch alle Ursache dazu. Denn was die Besucher erblickten, war schon danach, ihm höchstes Lob zu zollen.

Da hatte er auf Bohlen eine große hölzerne Plattform gebaut, an die zwanzig Meter im Durchmesser, zwei dünne Schienen bildeten einen großen Kreis und waren auf dieser Plattform befestigt. Auf dem Gleis brummte lustig ein Wägelchen einher, das zum Überfluß noch ein anderes nach sich zog. Immerhin hatte das Wägelchen die Größe eines Handkarrens, wog an die 40 Pfund, und der Anhänger soll sogar 60 Pfund gewogen haben. Zweieinhalb bis drei Stunden tobte das Gefährt im Kreis herum, dann waren die Batterien alle. Ja, es war ein Batteriefahrzeug, der erste Elektrowagen der Welt. Wagner hatte rein erfahrungsgemäß eine größere Anzahl von galvanischen Elementen auf dem Wagen untergebracht, die in natürlich sehr primitiver Weise den Strom für eine Art Elektromotor lieferten, dessen Bauweise wir nicht näher kennen. Wagner selbst war sich über die Theorie seiner Erfindung durchaus nicht im klaren. Nun, seine Zuschauer waren es noch weniger. Es gab damals überhaupt noch keinen Fachmann, der in der Lage gewesen wäre, Wert und Unwert der Erfindung richtig zu prüfen. Eine alte Chronik schreibt, daß das Wägelchen immerhin eine Geschwindigkeit von sieben Kilometern in der Stunde erreicht habe und auch in der Lage gewesen sein soll, ein Hindernis in Form einer 20prozentigen Steigung zu überwinden.

Wagner war der Held des Tages. Man versprach sich von seiner Erfindung ganz außerordentliche Dinge, um so mehr, als der Eisenbahn von vornherein Schmutz und Dampf als recht üble Begleiterscheinungen anhafteten.

Der Rat der Freien Reichsstadt Frankfurt erteilte dem glücklichen Erfinder ein Patent auf die Dauer von fünfzehn Jahren. Man legte dem Deutschen Bund nahe, der damals in Frankfurt seine Versammlungen abhielt, Wagner für alle angeschlossenen Staaten ein gleiches Patent zu gewähren. Der Bundesversammlung wurde ein diesbezügliches Gutachten vorgelegt, das von ersten Fachleuten aufgestellt war. Man schrieb, daß es sich nicht um eine gewöhnliche Erfindung handele, vielmehr, „daß von der Einführung einer ganz neuen und eigentümlichen bewegenden Kraft in das ganze Maschinenwesen die Rede ist, ein Beginnen, das, wenn es gelänge, nicht auf den einen oder den anderen Zweig der Industrie, sondern nach allen Richtungen hin auf das ganze industrielle Wesen und Leben den großartigsten Einfluß ausüben würde“.

Halt, welches Jahr schreiben wir denn? Sind diese Worte tatsächlich in einem Gutachten vom Februar des Jahres 1841 enthalten?

Müssen wir nicht an dieser Stelle überrascht verweilen und staunen, mit welcher Klarheit der Schreiber dieser Zeilen die Bedeutung der Elektrizität vor über hundert Jahren vorausgesehen hat?

Die Bundesversammlung zeigte sich der Größe der Stunde würdig. Sie beschloß am 22. April 1841, dem Frankfurter Bürger Johann Philipp Wagner den Betrag von einhunderttausend Gulden, nach heutiger Währung gut 250 000 DM, zu zahlen, wenn es ihm gelänge, eine richtige, von elektromagnetischer Kraft angetriebene Lokomotive zu bauen, die einer sachverständigen Prüfung standhalte. Zur Durchführung dieser Prüfung wurde noch im Juni des gleichen Jahres ein Ausschuß von Professoren eingesetzt.

Wagner machte sich unverzüglich an den Bau der aufgetragenen Lokomotive.

Tragik des Erfinderschicksals. Wagner baute seine Lok allein an Hand von Erfahrungen, die er im Umgang mit dem elektrischen Strom gesammelt hatte. Als die zweite, nunmehr richtige große Lokomotive in seiner Werkstatt fertiggestellt war, als der große Augenblick kam, in welchem der Erfinder den Strom einschaltete — da lief sie nicht. Kein Zureden half, kein Anschieben, trotz aller Mühe des unglücklichen Mannes — sie bewegte sich nicht.

Niemand konnte sich das Versagen erklären. Wer erkannte denn damals schon, daß die verwendeten galvanischen Batterien für den Betrieb eines so großen Fahrzeuges viel zu schwach waren, wer wußte denn überhaupt, was elektrischer Strom ist?

Da niemand den Grund des Versagens begriff, wurde der Erfinder alsbald als ein Schwindler verschrien. Erst schimpfte man, dann lachte man noch einige Zeit über den verrückten Kerl, der sich unterfangen hatte, eine elektrische Lokomotive zu bauen. Nach wenigen Monaten war die ganze Angelegenheit vergessen. Neue Probleme tauchten auf, die Welt ging ihren gewohnten Gang. Die Erfindung des Johann Philipp Wagner wanderte auf den Müllhaufen der Weltgeschichte. Sie war fünfzig Jahre zu früh geboren.

Wir sind es aber der Gerechtigkeit schuldig, wir sind es ferner dem Andenken eines Mannes schuldig, der wie so viele von seiner Idee besessen war:

Johann Philipp Wagner hat im Jahre 1840 beinahe die Elektrolok erfunden!

Der große Abfallhaufen der Geschichte birgt noch mancherlei Scherben, deren Ganzes einmal zu schönen Hoffnungen berechtigte. Da hatten zum Beispiel 1835 die beiden Holländer Stratting und Becker in Groningen Versuche angestellt, ein zweiachsiges Wägelchen durch Batterien antreiben zu lassen. Im gleichen Jahr versuchte sich in Amerika Thomas Dovenport mit einem ähnlichen Experiment.

1841, als Wagners Versuche mißglückten, tauchte in Leipzig der Mechanikus Störer auf, der in einem großen Vortrag behauptete, die elektrische Lokomotive bauen zu können. Die sächsische Regierung erteilte ihm sogar ein auf fünf Jahre befristetes Privilegium „auf die ausschließliche Anfertigung und Anwendung von elektromagnetischen Antriebsmaschinen und der dazugehörigen Batterien zum Bau einer Lokomotive“.

Das ist das einzige, was man von der Sache gehört hat.

Ein Jahr später soll sogar auf der Glasgow — Edinburgh-Eisenbahn eine richtige batteriegetriebene Lok gefahren sein. R. Davidson wird als ihr Erfinder genannt. Es war ein zweiachsiges Fahrzeug mit Antrieb durch Zylinder und Kurbelstangen wie bei einer Dampflok, nur mit dem Unterschied, daß die Kolben jeweils von einem Elektromagneten angezogen wurden.

Die 1840 von J. P. Wagner in Frankfurt a. M. gebaute kleine elektrische Lokomotive erregte großes Aufsehen.

Ideen muß man haben!

Was nützen einem aber die schönsten Ideen, wenn man fünfzig Jahre zu früh auf der Welt ist?

Auch Davidsons Vehikel bewährte sich nicht, es trat ein jahrzehntelanges großes Schweigen ein, die Dampfkraft dominierte, bis eines schönen Tages — — —

Und das kam so.

Im Jahre 1879 lief ein heimliches Gelächter durch Berlin.

Es war ein herzliches, gemütliches Lachen, eines, das einen guten Witz begleitet, den man sich beim Kaffee erzählt. Allenthalben sprach man über das sonderbare Späßchen, das sich der berühmte Erfinder und Chef der Firma Siemens & Halske, Werner Siemens, geleistet hatte. Beim Einkauf in der Leipziger Straße, auf dem Bummel in Charlottenburg, sonntags im Grunewald oder an der Werkbank bei Borsig und bei „Schwarzkoppen“, überall die gleiche Neuigkeit:

„Schon det neue Ding von unserm Siemens gehört?“ —

„Hahaha, Männeken, ick gloobe, der macht 'n Späßchen mit uns!“ —

„Nich wahr? Ick vastehe ooch nich, wie so'n berühmter und intellijenter Mann so'n Blech erzählen kann. Will die Eisenbahn elektrisch fahren lassen! Ick frage mir bloß — wat is' det übahaupt, elektrisch?“

„Weeß ick ooch nich, noch nie nischt von jehört, kann ma ooch janischt drunter vorstellen!“ —

Die Berliner schüttelten die Köpfe. Und das will bei den Berlinern, die so leicht nicht aus der Ruhe zu bringen sind, schon etwas heißen. Daß der Werner Siemens auf der Berliner Gewerbeausstellung ein kleines Bähnchen gebaut hatte, das von einer sogenannten dynamo-elektrischen Maschine angetrieben wurde, das war eine ganz nette Spielerei gewesen, und man hatte sich köstlich darüber amüsiert. Mehr war es aber bestimmt nicht. Selbst die Presse hatte es nicht als welterschütternde Sensation empfunden. Große Männer pflegen ja mitunter ein Späßchen zu machen.

Aber daß der Siemens jetzt erklärt hatte, er wolle dieses elektrische Vehikel im großen bauen, er wolle Eisenbahnen damit betreiben, eine Hoch- und Untergrundbahn als Stadtschnellbahn in Berlin einrichten. Wenn über der Erde kein Platz sei, dann solle man eben unter die Erde gehen! Nein, das ging entschieden zu weit. Hier hörte die Gemütlichkeit auf, da verstanden die Berliner keinen Spaß mehr, selbst bei dem berühmten Siemens nicht.

„Stell'n Se sich det mal vor, Herr Nachbar. Man kann ja keen Schritt mehr loofen, ohne daß ma dauernd denken muß, man bricht durch's Trottoir durch und fällt in'n Schacht von die untaird'sche Bahn.“ — „I wo, jeht ja jarnich! Der kann doch nich alles unterminieren, wo wir in Berlin sowieso det viele Wasser haben. Un wenn er 'ne Hochbahn baut, denn fällt sie einem womöglich noch uff'n Kopp! Nee, nee, der Siemens is ja 'n prima Kerl und hat wat jetan for Berlin. Die Firma Siemens & Halske is'n Weltunternehmen. Aba nu fängt er an, Quatsch zu reden, nu wird er langsam alt.“ —

„Hihihi, wenn ick daran denke, wie so'n schwerer Bierwagen, so eener von Schultheiß, üba'n Alex fahren könnte, un plötzlich bricht er durch's Pflaster durch un det schöne Bier läuft in'n Schacht von de untairdische Eisenbahn 'rein! Nee, det is noch nich mal 'n Witz, det hat ooch mit Alter nischt zu tun! Der will uns Berlina einfach vakohl'n!“

Aber die Berliner lassen sich eben nicht verkohlen, und so freute man sich, daß man dem Siemens noch rechtzeitig hinter die Schliche gekommen war. Wozu aber auch ein derartiges Vorhaben? Berlin hatte seine Pferdebahn, hatte seine Pferdekutschen, seine Kremser. Man war eben dabei, die Stadtbahn zu bauen, die quer durch die Stadt auf hohen gemauerten Bögen führen sollte, ein gewaltiger Fortschritt für das Verkehrswesen der Metropole. Ja, was wollte er denn mehr?

So ging man denn alsbald wieder zur Tagesordnung über. Wer Zeit und Geld hatte, die große Gewerbeausstellung zu besuchen, der konnte sich die kleine elektrisch betriebene Bahn betrachten, die immer im Kreise herumfuhr. Er konnte wohl auch einmal mitfahren, denn die drei kleinen Wägelchen boten immerhin Platz für 24 Personen. Aber daß aus diesem netten Spielzeug einmal etwas Größeres werden sollte, das glaubte doch wohl niemand im Berlin des Jahres 1879.

*

Werner von Siemens erfand 1879
die erste brauchbare Elektrolok.

Grimmig, wie ein gefangener Löwe, schritt Werner Siemens in seinem Arbeitszimmer auf und ab, die Hände auf dem Rücken verschränkt. Der Boden ächzte unter seinen starken Schritten. Einer Zeitschrift, die aufgeschlagen auf dem Boden lag, versetzte er einen Tritt, daß sie in die Zimmerecke flog. Die Sonne schien warm an jenem Junitage des Jahres 1879 und flutete in breitem Strahle in das Zimmer. Doch der große Mann nahm keine Notiz davon. Im Gegenteil, die an seinen Schläfen herausgetretenen Adern sprachen eine andere Sprache.

„Diese Laffen, diese verdammten Schreiberlinge!“ knurrte er wütend, und die unschuldige Zeitschrift in der Ecke bekam einen vernichtenden Blick. Wie hatte der Rezensent in diesem renommierten Fachblatt geschrieben? „— — — dürfte die Neuheit sich als eine Belanglosigkeit erwiesen haben, aus welcher weiterer Nutzen für die Allgemeinheit nicht zu erwarten ist.“

Das war nun das Urteil der sogenannten Fachwelt über seine dynamo-elektrische Maschine, die er auf der Gewerbeausstellung vorgeführt hatte. Erkannte denn wirklich niemand den Wert seiner Erfindung? Gab es denn keinen Menschen, der auch nur annähernd ermessen konnte, was sich in dieser unscheinbaren Maschine für eine gewaltige, gar nicht abzusehende Entwicklung verbarg?

Nun war er seit Tagen schon hinter dem Stadtrat für Verkehrsangelegenheiten her, um mit ihm die weitere Entwicklung seines Fahrzeuges zu besprechen, um ihm seine konkreten Pläne auseinanderzusetzen. Und was tat dieser Herr? Ließ sich verleugnen, einfach verleugnen! Jedesmal, wenn er auf das Rathaus kam, wich man ihm mit fadenscheinigen Entschuldigungen aus. Ja, war er denn schon ein Irrer? Hielt man ihn denn tatsächlich für schwachsinnig, daß man ihm ein derartiges Kasperltheater vorspielte? Werner Siemens stampfte auf den Fußboden, schritt dann zu seinem Schreibtisch und ließ sich schwerfällig in den Sessel fallen.

Was sollte er noch tun? Vor dem Verein zur Förderung des Gewerbefleißes hatte er vor einigen Tagen alles genau auseinandergesetzt. Wenn er nur einmal herausbekäme, wer diese unsinnigen Gerüchte unter die Berliner gebracht hatte. Der Stadtrat? Der Verein?

Freilich, die Eröffnung der Gewerbeausstellung hatte unter keinem guten Stern gestanden. Jener 31. Mai war ein Unglückstag gewesen. Gerade, als er in Frack und Zylinder vor der Tür des Hauses stand, um sich zur Eröffnung der Ausstellung zu begeben, kam ein Depeschenbote und brachte ihm die Nachricht aus London, daß zufolge einer Zeitungsmeldung die „Faraday“, ein Kabellegeschiff, mit der ganzen Bemannung, darunter auch seine beiden Brüder Wilhelm und Karl, zwischen Eisbergen zerquetscht und untergegangen sei. Glücklicherweise erwies sich die Meldung schon am anderen Tage als falsch. Zunächst aber stand er im Banne dieses Schicksalsschlages, vermochte nur unter Aufbietung letzter Energien der festlichen Eröffnung beizuwohnen und wenigstens dem Vertreter des Hofes einige aufklärende Worte zu sagen.

Es war kein guter Stern, der über jenen ersten Tagen der elektrischen Lokomotive stand.

Kaum hatte sich erwiesen, daß die „Faraday“ wohlbehalten auf dem Ozean schwamm und seine Brüder bei bester Gesundheit waren, kaum konnte er aufatmen und sich wieder um seine Aufgaben kümmern, da kam das Fiasko mit dem Stadtrat. Da kamen die Gerüchte in der Bevölkerung, da stellte man ihn hin, als sei er nicht mehr ganz bei Troste. Widerwillig mußte Siemens lachen. Er und nicht bei Troste! Mit der flachen Hand knallte er auf den Tisch!

Es mußte etwas geschehen, wenn nicht seine ganze Arbeit umsonst sein sollte. Wenn nicht seine Erfindung für alle Zeiten als Spielerei in der Versenkung verschwinden würde. Es gab nur einen, der ihm helfen konnte: der Kaiser.

Kurz entschlossen meldete sich Siemens beim Chef des kaiserlichen Zivilkabinetts, Herrn von Wilmowski, an. Es war eine denkwürdige Unterredung, die an jenem Junitage des Jahres 1879 stattfand.

Merkwürdig, wie einzelne Tage und Stunden so tiefgreifend auf die Entwicklung der Dinge Einfluß nehmen können. —

Erst nach der Jahrhundertwende wurden Siemens' Vorschläge zur Schaffung einer elektrischen Hochbahn in Berlin verwirklicht.

„Herr von Wilmowski lassen bitten!"

Der Kanzleisekretär macht eine Verbeugung, Schritte, zwei Männer stehen sich gegenüber, der vitale, von Geist sprühende, geniale Erfinder und Unternehmer, und der korrekte, reservierte preußische Beamte.

„Guten Tag, mein lieber Herr Siemens, was führt Sie zu mir, was kann ich für Sie tun?"

Für Werner Siemens ist die Stunde des Sprechens gekommen. Und er nutzt sie aus. Er weiß, gewinnt er den Kaiser für seine Pläne, dann hat er gewonnenes Spiel. Dann vollführt seine Elektrolok in wenigen Jahren einen Siegeszug über die ganze Welt. Dann ist Berlin in wenigen Jahren von einem Netz elektrischer Schnellbahnen durchzogen. In beredten Worten schildert er Wilmowski seine Absichten, er bittet ihn, seiner Majestät die untertänigste Bitte zu unterbreiten, der Öffentlichkeit ein neues Verkehrsmittel in Gestalt einer elektrischen Schnellbahn schenken zu dürfen. Mehr und mehr ist er in Eifer geraten.

„Und so bitte ich denn Euer Exzellenz, Majestät gütigst meine Pläne unterbreiten zu wollen. Glauben Sie mir, Exzellenz, weder ich noch unsere Mitmenschen werden Ihre Fürsprache für diese Angelegenheit je vergessen, und Exzellenz werden sich durch Ihren Eifer für die elektrische Eisenbahn selbst ein bleibendes Denkmal setzen."

Mit rotem Kopf lehnt sich Siemens in seinem Sessel zurück.

Der andere schweigt. Er hat die Stirn in tiefe Falten gelegt. Das Bild, das sich dahinter entwickelt hat, weicht wesentlich von dem seines Gegenübers ab. Er sieht ein Gewirr von Brücken und Fahrbahnen. Er spürt eine Bedrohung seines Lebens von jenen phantastischen Bahnen ausgehen, er sieht Züge von Brücken herunterstürzen, in Tunneln zusammenstoßen. Er hat nur eine unklare Vorstellung von dem, was das sein soll: Elektrizität. Trotzdem nickt er verständnisvoll mit dem grauen Haupt.

„Sehr interessant, wirklich, sehr interessant, mein lieber Herr Siemens. Ihre Pläne sind ausgesprochen kühn und greifen weit in die Zukunft hinein. Aber worin besteht denn nun eigentlich der Vorteil ihrer elektrischen Bahn gegenüber den vorhandenen Verkehrsmitteln?“

Die Ader an der Schläfe Siemens schwillt langsam an. Hat er es denn diesem Bürokraten nicht eben haarklein auseinandergesetzt? Mühsam zwingt er sich zur Ruhe.

„Ich darf also nochmals kurz zusammenfassen: Die elektrische Bahn ist wesentlich leistungsfähiger als eine Bahn mit Dampfbetrieb, da es möglich ist, die Zugkraft auf beliebig viele Achsen zu verteilen und dadurch die Adhäsion bedeutend zu erhöhen. Die elektrische Bahn ist wegen ihrer Rauchlosigkeit besonders für den Betrieb in Tunneln und Bergwerken geeignet. Schließlich kann der Elektromotor als Generator geschaltet, zur Bremsung des Fahrzeugs dienen. Gerade die eben genannten Vorteile machen aber die elektrische Bahn zum idealen Verkehrsmittel als Stadtschnellbahn, da sie beliebig über oder unter der Erde fahren kann.“

Herr von Wilmowski hat nur mit halbem Ohre zugehört. Wie durch einen Nebel vernimmt er die Stimme dieses Feuerkopfes Siemens. Dagegen sieht er sich auf der Straße spazieren gehen, fühlt, wie plötzlich der Boden unter ihm nachgibt, Steine, Sand, Erde bröckeln herab. Er strauchelt, stürzt, ein Loch gähnt zu seinen Füßen, er schreit gellend um Hilfe, umsonst, seine Füße gleiten immer tiefer in den Abgrund hinab, hängen jetzt bereits in den Tunnel unter der Straßendecke hinein, nur Sekunden noch, dann verlieren seine Hände den letzten Halt. Da — ein Getöse unter ihm — der elektrische Schnellbahnzug! Rasend schnell kommt der Zug heran — das Tosen wird lauter und lauter — jetzt — seine Hände gleiten ab — er fällt — er fällt — — — — —

Herr von Wilmowski zieht sein Tuch und wischt sich die Schweißperlen von der Stirn. Dann schaut er erschrocken auf den Mann, der erwartungsvoll ihm gegenübersitzt, auf den Mann, der ihm derart teuflische Pläne auseinandergesetzt hat. Er hat Mühe, einen höflichen Ton zu wahren.

„Sie können versichert sein, Herr Siemens, daß ich Majestät in genauester Weise über Ihre Pläne informieren werde!“

Das klingt, als habe das Gnadengesuch eines zum Tode Verurteilten keine Aussicht auf Berücksichtigung.

Wenige Tage später hat Siemens ein Schreiben der kaiserlichen Zivilkanzlei in Händen.

„ — — — sehen wir uns zu unserem Bedauern leider nicht in der Lage, eine Verwirklichung der Ideen durch unsere Fürsprache zu fördern.“

Man hielt sie für ein Spielzeug: Die erste elektrische Eisenbahn von Werner Siemens auf der Berliner Gewerbeausstellung 1879.

Dieses winzige, primitive Lokomotivchen ist die Urahne aller Elektroloks. Sie führte den oben abgebildeten Ausstellungszug.

Kaum laufen gelernt und schon Rekorde! AEG-Drehstrom-Triebwagen der Versuchsbahn Marienfelde—Zossen, der am 27. 10. 1903 210,2 km/h Geschwindigkeit erreichte.

Die erste Einphasen-Wechselstrombahn der Welt: Berlin — Niederschöneweide — Spindlersfeld, eröffnet 1903.

Diese Lok fuhr den Eröffnungszug auf der Strecke Dessau—Bitterfeld im Jahr 1911.

Mit diesen 2500 PS starken Stangenmaschinen wurde im Jahre 1913 der elektrische Betrieb der Bern—Lötschberg—Simplon-Bahn aufgenommen.

Mit elektrischen Triebgestellen der abgebildeten Bauart aus dem Jahre 1913 sollte ursprünglich die Berliner S-Bahn betrieben werden.

Der alte Wittfeldsche Speicherwagen mit Akkumulatoren als Stromquelle, später ETA 177, von bösen Zungen „Heulboje“ genannt. Das Bild wurde im Jahre 1910 aufgenommen. Seine Neuauflage (unten) als Reihe 517 sieht wesentlich moderner aus. Im Hintergrund die Burg Gutenfels am Rhein

Das ist das Ende der elektrischen Lokomotive.

Oder doch nicht?

Welchen Weg gibt es noch? Besteht noch die geringste Möglichkeit, nachdem die Fachwelt seine Erfindung als Spielerei abgetan hat, nachdem die Öffentlichkeit seine Pläne mit Gelächter quittiert, nachdem der Hof ihm die letzte Hoffnung genommen hat?

Der alte Starrkopf Siemens, der aufrechte, leidenschaftliche, unbeugsame Kämpfer für den Fortschritt kennt keine Kapitulation. Sein eigenes Wort ist der beste Zeuge:

„Ich glaube weder an Unstern noch Fluch, sondern nur an kluges und dummes Handeln. Nur nicht überall das törichte Wort: Es geht nicht. ‚Ich kann nicht' ist fast immer allein berechtigt."

An anderer Stelle: „Das Genie arbeitet sich schon durch, wenn es nur auf dem Wege gewissenhafter Arbeit bleibt und sich von Illusionen frei hält."

Werner Siemens baut mit eigenen Mitteln eine elektrische Bahn.

*

Es wird oft behauptet, die elektrische Lokomotive habe bei weitem nicht die große Tradition wie die Dampflokomotive, die durch die Taten Trevithicks und Stephensons und all jener anderer Pioniere der Frühzeit eine gewisse Glorifizierung erfahren hat. Gewiß, die Elektrolok hat kein Lokomotivrennen, wie etwa das von Rainhill, aufzuweisen. Aber ist die Geschichte ihres Werdens darum weniger interessant? Hat sie nicht ebenfalls ihre zähen Vorkämpfer? Ist nicht Wagner mit Cugnot und Siemens mit Stephenson zu vergleichen?

Der Start der ersten kleinen elektrischen Lokomotive auf der Gewerbeausstellung am 31. Mai 1879 hatte sich in mancherlei Hinsicht als Fehlschlag erwiesen. Zwar war das Gefährt als technische Spielerei gebührend beachtet worden. Aber niemand glaubte an die Weiterentwicklung der Elektrizität. Wundert es uns, wenn wir das primitive Wägelchen, das die stolze Bezeichnung „Lokomotive" führt, betrachten (Abb. S. 17).

Um so höher muß ein zweites Ereignis bewertet werden, das in die Maitage des Jahres 1881 fiel. Wir wissen, daß die Öffentlichkeit eine Förderung der Pläne Siemens' abgelehnt hat. Der Erfinder ließ daher kurzerhand auf eigene Kosten eine elektrische Straßenbahn vom Anhalter Bahnhof in Berlin bis zur Kadettenanstalt Lichterfelde bauen, die erste elektrische Straßenbahn der Welt. Die Eröffnung dieser Bahn war ein glanzvolles Ereignis und mehr noch als der Vorgang von 1879 der Auftakt zum Beginn der elektrischen Zugförderung. Doch lesen wir, was der Erfinder selbst darüber an seinen in England weilenden Bruder Wilhelm schreibt:

„Gestern ist unsere Bahn in Lichterfelde mit großem Glanz eröffnet worden. Der Eisenbahnminister Maybach mit seinen Räten, ebenso der Reichspostminister

Stephan waren zugegen. Alle waren überrascht und erstaunt, einen gewöhnlichen Eisenbahnwagen und nicht den von der Ausstellung her bekannten kleinen Wagen mit einer kleinen Lokomotive zu sehen. Der Eisenbahnminister erklärte unter dem Eindruck dessen, was er hier in Lichterfelde zu sehen bekam, daß er jetzt an den Ernst und die große Zukunft der elektrischen Lokomotive glaube."

Der 16. Mai 1881 ist die eigentliche Geburtsstunde der elektrischen Eisenbahn.

Die Bahn nach Lichterfelde war für den Postverkehr gedacht. Der Motor des Wagens leistete 5 PS gegenüber den 3 PS der Ausstellungslok. Er brachte es immerhin auf 40 km/h Geschwindigkeit, während die Ausstellungslok nur ganze 7 km/h gelaufen war. Die Bahn wurde mit Gleichstrom betrieben, Motoren für Dreh- und Wechselstrom waren noch nicht erfunden.

Aber eine interessante Tatsache müssen wir hier feststellen, weil sie für die weitere Entwicklung so charakteristisch ist. Die Lichterfelder Bahn wurde nicht mit einer Lokomotive betrieben. Die elektrischen Motoren waren vielmehr an die Achsen eines kleinen Eisenbahnwagens angebaut. Wir finden hier also den allerersten Triebwagen. Und das ist sozusagen eine Erfindung, die Siemens so nebenher gelang, ohne daß er es selbst gemerkt hat. Die Eisenbahn bestand bisher immer aus der Lokomotive, dem „Dampfroß", und den Wagen. Die wenigen Dampftriebwagen, also Eisenbahnwagen, in die eine kleine Dampfmaschine eingebaut war, spielten noch gar keine Rolle. Der Elektromotor ermöglichte nun, auf die Lokomotive zu verzichten, die Motoren gleich in den Wagen einzubauen und auf diese Weise natürlich eine ungeheure Vereinfachung und Verbilligung des Bahnbetriebes zu erhalten.

Diese selbstfahrenden Eisenbahnwagen — wir sagen heute Triebwagen dazu — gefielen den Zeitgenossen so außerordentlich, daß die weitere Entwicklung sich zunächst nur auf diesem Gebiet abspielt. Unsere elektrische Lokomotive ist also über den Umweg des „Elektrotriebwagens" — hier haben wir gleich den Fachausdruck — entstanden. Übrigens fällt uns hier eine Parallele zur Entwicklung der Verbrennungsmaschine ein, auf die wir fünfzig Jahre später treffen. Auch den Verbrennungsmotor hat man zuerst in Triebwagen versucht — Motortriebwagen oder Dieseltriebwagen — und aus diesen wiederum ist, zumal bei uns in Deutschland, die Motorlokomotive — die Diesellokomotive — entstanden.

Der elektrische Triebwagen kam dem Nahverkehr, der zur damaligen Zeit mittels Pferdebahnen abgewickelt wurde, außerordentlich entgegen. Denn da waren Schienen und Wagen schon vorhanden, man brauchte nur Motoren einzubauen. So stehen die ersten zwanzig Jahre der elektrischen Zugförderung ganz im Zeichen der Straßenbahn. Schuld mögen auch Siemens' Gedanken einer elektrischen Schnellbahn gewesen sein, hat er doch selbst gewissermaßen die Entwicklung durch seine Empfehlung des Elektrotriebwagens vorherbestimmt. Erst nach der Jahrhundertwende entsteht aus dem Elektrotriebwagen die Elektrolokomotive.

Wie interessant: Unsere gute alte Tram, unsere Straßenbahn, die uns heute manchmal so etwas altväterisch erscheint, ist also die Großmutter der Elektrolok.

Eine tolle Verwandtschaft!

Ja, wenn es aber nur mit der Straßenbahn wenigstens einfach gewesen wäre. Doch da tauchte gleich zu Anfang schon die Kernfrage des ganzen Betriebes auf: Wie kriegt man den elektrischen Strom überhaupt in den Wagen hinein?

Die Frage hört sich heute einfach lächerlich an, aber erst muß einmal einer auf die Idee kommen, einen Draht in die Luft zu hängen und einen Strombügel, einen Stromabnehmer, anzuschließen. Hinterher haben wir alle gut reden! Es gab nicht wenig Stimmen, die vorschlugen, man müsse den Strom an Ort und Stelle erzeugen, also ein fahrbares Kraftwerk bauen, genau wie bei der Dampflokomotive.

Die kleine Lok der Gewerbeausstellung hatte den Strom mittels eines Schleifbesens aus einer dritten Schiene, die in der Mitte zwischen den Gleisen lag, bezogen. Die Lichterfelder Straßenbahn benutzte beide Fahrschienen als Stromleiter. Ihre Räder mußten allerdings gegeneinander isoliert sein. Beide Prinzipien verwenden wir noch heute bei unseren Modelleisenbahnen. 1882 baute man noch eine zweite Straßenbahn in Berlin, die Linie Spandauer Bock — Charlottenburg. Sie bezog ihren Strom über ein kleines Wägelchen, das auf zwei an Masten aufgehängten Drähten lief. Ganz daneben griffen die Offenbacher mit ihrer Straßenbahn nach Sachsenhausen. Ihr Wagen zog an einem Draht ein kleines Schiffchen hinter sich her, das in einer Röhre zwischen den Schienen lief. Das mag recht lustig geklappert haben, und auf gerader Strecke mochte das noch angehen. Was aber, wenn eine Weiche kam? Der Versuch der Offenbacher war von vornherein zum Scheitern verurteilt.

So geriet die Entwicklung bald in die Irre und zum Stillstand. O weh, mit der elektrischen Eisenbahn war in den ersten Jahren wahrhaftig nicht viel los.

Ob da wohl jemals was Rechtes daraus werden würde?

Wie so oft in der Geschichte und besonders in deren Kapitel Technik lief in der folgenden Zeit Amerika der alten Welt den Rang ab. Mit dem wachen Sinn der Amerikaner für alles Praktische erkannte man dort den Wert der Erfindung sofort. 1883 wurde auf der Weltausstellung in Chicago eine kleine Elektrolok gezeigt, der Berliner Schwester von 1879 sehr ähnlich. Ihr folgten in kürzester Zeit eine Vielzahl von Fahrzeugen und Bahnen, elektrische Stadtbahnen schossen wie Pilze aus der Erde. Im Jahre 1889 fuhr in Baltimore ein elektrischer Zug schon eine Geschwindigkeit von 185 km/h!

Man soll es einfach nicht für möglich halten. Amerikanisches Tempo in doppeltem Sinne!

Einhundertfünfundachtzig Kilometer Stundengeschwindigkeit.

Und was tat Europa? 1889 schreibt Werner von Siemens, nunmehr geadelt, in einem Brief:

„Sie sehen, daß das Fortschrittsrad über uns hinweggeht, wenn wir hier nichts tun. Aber die Entwicklung der elektrischen Bahn wird auch in Europa bald das amerikanische Tempo annehmen und wir können dann unmöglich zurückbleiben."

Während man sich in Deutschland noch mit der Theorie der Stromzuführung herumschlug, hing der große amerikanische Ingenieur Sprague kurzerhand einen

Fahrdraht über das Gleis, gab dem Fahrzeug einen Stromabnehmer in Gestalt einer langen Stange mit einer Rolle daran, die am Draht lief und — fertig war die Elektrische. Die Stromrückführung ließ er über die Räder und Schienen besorgen, die damit als zweiter Pol dienten, ein Verfahren, das sich heute überall eingebürgert hat.

Angespornt durch die Erfolge in Amerika hatten sich in Deutschland zwei neue Elektrofirmen gebildet, die Allgemeine Elektricitäts-Gesellschaft, später kurz AEG genannt, und die Union Elektricitäts-Gesellschaft, die sich alsbald vereinigen sollten.

Das Jahr 1891 bringt die große Wende, die zweite Geburt der elektrischen Zugförderung in Deutschland.

Wer denkt noch daran, wenn er heute, in die Polster seines D-Zugabteils gelehnt, durch das Land braust, von einer 103 oder 110 sicher ans Ziel geführt, mit einem Tempo von 120 oder 130 km/h?

Wer erinnert sich noch, daß es die Stadtväter von Halle an der Saale waren, die den Startschuß gaben für die nun einsetzende rasante Entwicklung, die unmittelbar bis zur Gegenwart führt?

Wir werden uns noch oft wundern müssen, welch krumme Wege uns die Geschichte führt.

Die Stadtväter von Halle hatten um 1890 schwere Sorgen. Aus der alten beschaulichen Universitäts- und Handelsstadt war in wenigen Jahrzehnten ein Industriezentrum erster Ordnung geworden. Die Stadt zählte bereits 106 000 Einwohner, damals eine beachtliche Zahl. Die Pferdebahn war in der hügeligen Stadt an der Grenze ihrer Leistungsfähigkeit angekommen, eine Erweiterung des Liniennetzes war dringend erforderlich. Etwas mußte geschehen.

Und es geschah. Mit seltenem Weitblick gab man der AEG die Konzession, eine elektrische Straßenbahn zu bauen, aber — und das ist das Entscheidende — nach dem amerikanischen System Sprague.

Dieser Entschluß war von außerordentlicher Tragweite.

Wir können uns das heute gar nicht mehr vorstellen. Erstmals ging man daran, eine elektrische Oberleitung aufzuhängen, ein Bild des Eisenbahnbetriebes, das wir überhaupt nicht mehr beachten, ein Bild, das zumal aus den Straßen unserer Großstädte überhaupt nicht mehr wegzudenken ist! Damals ging eine Welle der Empörung durch Deutschland. Wie konnten die Hallenser es wagen, ihr Stadtbild derart mit Drähten zu verschandeln! Doch die ließ das kalt, und im Jahre 1891 brummte die erste „richtige" Elektrische durch eine deutsche Stadt. Mit ihr wurde endlich auch in Deutschland die Leistungsfähigkeit der Elektrizität überzeugend nachgewiesen.

Das Ereignis schlug wie eine Bombe ein! Jetzt wollte keine Stadt, kein Ländchen zurückstehen. Man überschlug sich förmlich in der Anlage elektrischer Straßenbahnen, die wenigen Elektrizitätsfirmen konnten den Ansturm überhaupt nicht bewältigen, neue Werke entstanden, innerhalb kürzester Frist wurde ein ganzer Industriezweig aus dem Boden gestampft.

Die Großmutter unserer heutigen elektrischen Zugförderung ist die 1891 nach System Sprague eröffnete hallische Straßenbahn.

Die kleine Stadt Gera war die zweite, die sich 1892 eine Elektrische zulegte, im gleichen Jahr folgte noch Bremen, und 1893 eröffnete Siemens in Hannover und Dresden elektrische Bahnen. Siemens führte dabei gleich eine Neuerung ein, den „Lyrabügel", den Bügelstromabnehmer. Bis zur Jahrhundertwende erhielten alle großen deutschen Städte elektrische Straßenbahnen.

Mit Riesenschritten ging es voran, und wir können nur einige wesentliche Ereignisse herausgreifen, die besonders markant sind. 1895 baute die Firma Brown, Boveri & Cie. die Straßenbahn Lugano mit Drehstrom anstatt des üblichen Gleichstromes, nachdem 1893 Ferrari einen brauchbaren Dreiphasen-Synchronmotor erfunden hatte. Drei Jahre später machte man auch auf einer Versuchsbahn in Lichterfelde Probefahrten mit Drehstrom, denn Motoren für Wechselstrom zu bauen, hielt man damals für unmöglich. Die Zukunft schien im Drehstrommotor zu liegen. Infolgedessen wird im Jahre 1901 eine Studiengesellschaft gegründet, deren Aufgabe es sein soll, Drehstrom-Schnelltriebwagen zu entwickeln.

Die Straßenbahn entwickelt sich zum Eisenbahn-Elektrotriebwagen.

Um die Jahrhundertwende werden die ersten elektrischen Hauptbahnlokomotiven gebaut.

Marksteine

Ein vergilbtes Zeitungsblatt liegt vor uns. Wir blättern darin. Es ist eine fremde Welt, die hier zu uns spricht, die Welt des Jahres 1903. Was hatten die Leute damals für Sorgen! Und welch unmöglicher Stil!

Hier eine Notiz von der großen Politik: Seine Majestät der Kaiser besucht die diesjährigen Herbstmanöver. Darunter ein Bild: Bärte, Pickelhauben, Helmbüsche! Auf der zweiten Seite ein Bericht vom Bau des Panama-Kanals, der soeben in Angriff genommen worden ist. Hier wird über eine neue Erfindung berichtet, sie heißt — Thermosflasche!

Doch dann stutzen wir. Eine hochinteressante Meldung hält uns in Atem. Sie verdient, daß wir sie der Vergessenheit entreißen:

Rekordfahrt eines elektrischen Schnellbahnwagens

Berlin, den 28. Oktober 1903.

Der gestrige Tag wird als eines der bedeutendsten Daten in die Annalen des Verkehrswesens eingehen, hat doch gestern erstmalig ein von elektro-motorischer Kraft angetriebenes Vehikel auf der Eisenbahnstrecke von Marienfelde nach Zossen die menschlichem Geiste vollkommen unvorstellbare Geschwindigkeit von 210 Kilometer in der Stunde erreicht. 210 Kilometer in einer Stunde! Die Feder findet keine Worte, diesen gigantischen Erfolg zu beschreiben. Sind doch diese 210 Kilometer die größte Geschwindigkeit, die ein Mensch bisher seit Bestehen dieser Erde erreicht hat. Seien wir uns der Größe des Augenblicks bewußt! Danken wir unserem Schöpfer, daß wir dermaleinstens unseren Kindern und Enkeln erzählen können: Wir sind dabeigewesen! Wie vor nunmehr fast siebenzig Jahren die ersten Dampfeisenbahnen in unserem Vaterlande eine neue Epoche des Verkehrs eingeleitet haben, so wird auch das gestrige Ereignis eine völlige Umstellung unserer derzeitigen Verhältnisse bewirken, und unser technisch ungeschulter Geist mag sich die weitere Entwicklung, wie sie etwa in dreißig, vierzig oder auch fünfzig Jahren unser liebes Vaterland verändert haben wird, überhaupt nicht vorzustellen. Doch berichten wir nun vom Hergange des Ereignisses.

Ein Tag wie jeder andere, so mag mancher unserer Leser wohl gestern morgen gedacht haben, ein kühler Herbsttag, der sich in nichts von der Reihe der anderen Wochentage unterschied. Und doch, wer gestern früh zufällig am Bahnhof Marienfelde vorübergegangen ist, der wurde eines Besseren belehrt. Seit Tagen wußten zwar die Anwohner der an der Bahnstrecke gelegenen Häuser, daß irgendwelche Experimente von geheimnisvoller Bedeutung vonstatten gehen würden. Fahrzeuge von nie gesehener Form waren schon seit Wochen probeweise gefahren, und das Heulen elektrischer Motoren war in den Ohren des Laien eine völlig neuartige und unbekannte Musik. Herr Oberingenieur Horn von der Allgemeinen Elektricitäts-Gesellschaft hat uns liebenswürdigerweise Einzelheiten der Versuche auseinandergesetzt. Danach liefen diese Experimente schon mehrere Monate. Sowohl die Allgemeine Elektricitäts-Gesellschaft als auch das in Berlin hinlänglich renommierte Unternehmen von Siemens & Halske hatten elektrische

Schnellbahnwagen angefertigt, allein zu dem Zweck, über die Leistungsfähigkeit des elektrischen Stromes Auskunft zu erhalten.*) Am Gleis der bekannten Militäreisenbahn entlang waren an Masten drei Drahtleitungen aufgehängt worden, welche als Leiter des elektrischen Stromes dienten. Wie uns Herr Oberingenieur Horn erklärte, führen die Leitungen die drei Pole eines elektrischen Drehstromes. Auch die Motoren der Fahrzeuge werden von diesem Drehstrome angetrieben. An den Experimenten nahmen die erwähnten zwei Schnellbahnwagen**) sowie eine elektrische Lokomotive, die von der Firma Siemens & Halske gebaut wurde, teil. Die Fahrzeuge ruhen auf drehbaren Radgestellen, in welche die antreibenden Motoren eingebaut sind. Jeder Schnellbahnwagen läuft auf sechs, die Lokomotive hingegen nur auf vier Achsen. Jedes Fahrzeug besitzt vier elektrische Motoren.

Bei den ersten Versuchen vor einigen Wochen, die von der Studiengesellschaft für elektrische Schnellbahnen inszeniert waren, hatte man anfangs nur eine Geschwindigkeit von 100 und 130 Kilometer in der Stunde erreicht. Erst nach Erhöhung der Stromspannung — ein neuer Ausdruck, an den wir uns künftig werden gewöhnen müssen (die Spannung des Stromes wird nach dem Maßsystem des Italieners Volta gemessen) — also nach Erhöhung dieser Spannung von 6000 auf 10 000 Volt und weiter nach Erhöhung der Frequenz des Stromes von 25 auf 48 Perioden pro Sekunde, konnte die Geschwindigkeit bereits auf 160 Kilometer pro Stunde gesteigert werden.

Eine weitere Erhöhung der Geschwindigkeit ließ allerdings die Trasse der Bahnlinie nicht zu, da sich herausstellte, daß sie den Belastungen, die bei einer derart phantastischen Geschwindigkeit auftreten, nicht gewachsen sei. Die Schienen wurden gegen solche einer größeren Stabilität ausgewechselt, die Anzahl der unterlegten Schwellen wurde vermehrt und auch die Wagen mußten umgebaut werden, hatte sich doch gezeigt, daß die drehbaren Radgestelle der Fahrzeuge nicht die notwendige Gangsicherheit aufwiesen. Sie wurden verlängert, ihr Radstand von 3,80 auf 5 Meter vergrößert. Herr Oberingenieur Horn erzählte uns, daß nach diesen Maßnahmen die Gangruhe der Fahrzeuge ganz außerordentlich gewonnen habe, und daß selbst bei größter Geschwindigkeit der Wasserspiegel eines Glases, das am Fensterbrett aufgestellt war, sich kaum bewegte.

Seit dem 23. dieses Monats sind nun die Versuchsfahrten abermals aufgenommen worden mit dem Ergebnis, daß am gestrigen Tage der Schnellbahnwagen der Allgemeinen Elektricitäts-Gesellschaft eine Geschwindigkeit von 210,2 Kilometer in der Stunde erreicht hat, nachdem der Wagen der Firma Siemens & Halske schon 206,7 Kilometer gelaufen war. Die elektrische Lokomotive erreichte eine Geschwindigkeit von 125 Kilometern in der Stunde. Sie war nicht für höhere Geschwindigkeiten gebaut. Wir hatten das Vergnügen, der letzten Fahrt am gestrigen Tage beizuwohnen, und der hierbei gewonnene Eindruck

*) Der AEG-Schnellbahnwagen ist auf Seite 18 abgebildet.

**) Elektrotriebwagen nach heutigen Begriffen.

ist in der Tat in solchem Maße überwältigend, daß wir uns bis zur Stunde noch nicht vom Banne des Geschehens haben lösen können.

Der Leser möge sich vorstellen, wie er vergnügt und guter Dinge auf einem Wege neben der Bahnstrecke sich in der würzigen Herbstluft ergeht. Plötzlich schreckt ihn fernes Grollen aus seinen angenehmen Träumen. Unsicher bleibt er stehen und schaut sich um, aus welcher Richtung solch ungewohntes Geräusch ertönen mag. Noch erblickt er nichts, aber das Grollen wird stärker und kommt näher. Es vermischt sich mit einem durchdringenden Heultone, einem Tone, wie er ihn bis dato noch niemals zu Ohr bekam. Das mögen Geräusche sein, wie sie die arme Seele auf ihrem Fluge zur Hölle begleiten. Schließlich erkennt der geängstigte Wanderer am Horizont des schnurgerade verlaufenden Schienenstranges einen schwarzen Punkt, der sich rasch vergrößert und nähert. Kaum hat er Zeit, sich über das Wesen der unbekannten Erscheinung klar zu werden, da braust es auch bereits heran. Das Rauschen und Heulen steigert sich zu einem höllischen Inferno, es ist, als nahe die Apokalypse, als bräche das Jüngste Gericht über den armen, hilflosen Sünder herein. Das Toben steigert sich zum Orkan, ein Blitz zuckt auf, das menschliche Auge ist nicht fähig, den Ablauf der Dinge bei dieser ungeheuren Geschwindigkeit aufzunehmen. Ehe dem Wanderer überhaupt zum Bewußtsein kommt, was er erlebt, kündet nur noch ein sich schnell entfernendes Rollen von dem Vorbeiflug eines der neuen Schnellbahnwagen. Ja, Vorbeiflug muß man das nennen, denn es gibt wohl keinen Vogel, der mit einer derartigen Geschwindigkeit durch den Äther schießt. So, wie es rastlosem menschlichen Geiste gelungen ist, Flüsse zu überbrücken, Berge zu durchstoßen, Täler zu überwinden, getreu dem Gebote „Macht euch die Erde untertan", so ist dem Menschen nunmehr auch der Vorstoß in die Zeit gelungen. Die künftigen Schnellbahnen werden uns in wenigen Stunden über Kontinente befördern, und die Entfernungen werden einstmals auf unserer Erde gegenstandslos werden. — — —

*

Wenige Monate nach diesem Ereignis waren vergangen, als abermals die Bahnlinie Marienfelde — Zossen, diesmal von der Öffentlichkeit weitgehend unbeachtet, in den Blickpunkt eines kleinen Kreises von Fachleuten rückte.

Juli 1904. Ein warmer Morgen stieg über dem Berliner Vorort Marienfelde herauf. Die Sonne beleuchtete ein geschäftiges Treiben in dem sonst unbedeutenden Bahnhof. Auf dem Gleis der elektrischen Bahn stand die Schnellbahnlokomotive der Firma Siemens & Halske, die bei den Versuchen im Vorjahr eine Geschwindigkeit von 125 km/h erreicht hatte. Zwei Schnellzugwagen waren ihr angehängt und es sah ganz so aus, als solle abermals eine Prüfung ihrer Leistungsfähigkeit stattfinden. Doch nicht sie stand heute im Mittelpunkt des Interesses, die kleine Lok wurde kaum beachtet, sie verschwand fast unter dem Eindruck dessen, was sich auf dem danebenliegenden Hauptgleis tat. Dort stand eine riesige, neue Schnellzugdampflokomotive, gewaltige, fürchterlich schwarze

1'CC1'-Güterzuglok, Reihe Ce 6/8, der Schweizerischen Bundesbahnen. Interessant ist der Antrieb mittels Dreieckstange, eine Abart des Winterthurer Schrägstangen-Antriebs

Die alte deutsche E 94 kann eine Verwandtschaft mit den Alpenloks nicht leugnen. Güterzug, geführt von der österreichischen Ausgabe dieser Lok, der Reihe 1020, bei Hochfilzen

Pferdestärken jede Menge! Oben die 12 000-PS-Gotthardlok, Reihe Ae 8/14 der SBB

Mitte: Die 8 800-PS-Lok, Reihe Ae 8/8 der Bern-Lötschberg-Simplon-Bahn

Unten: Der Kraftprotz der DB, die neue 10 118, ist mit ihren 10 000 PS für 250 km/h Höchstgeschwindigkeit vorgesehen.

Grenzüberwindend sind die Mehrfrequenz-Lokomotiven.
Oben die E 320 11 der DB, jetzige 232, unten die BB 20 102 der SNCF
Unsere Fotos zeigen die Loks größtenteils noch mit den alten Betriebsnummern, wie sie bis 1967 gebräuchlich waren. In unseren Tabellen S. 149 ff. sind sowohl die alte wie die neue Betriebsnummer ersichtlich.

Güterzug, geführt von der vielbewährten 144 der DB, bei Heigenbrücken, Strecke Aschaffenburg—Würzburg

Lok der Reihe CC 14 100 der SNCF vor Kohlenzug bei Thionville. Die Strecke gehört zum 50-Hz-Netz Frankreichs.

TEE 90, „Blauer Enzian", geführt von Lok 110 345, in Rosenheim

Der moderne ÖBB-Elektrotriebwagen 4010.05 als Schnellzug „Transalpin" in Rosenheim

Auf dem Führerstand einer Elektrolok

Die Führerräume werden einheitlich ausgebildet, damit die Lokführer nicht immer umdenken müssen, wenn sie von einer Loktype auf eine andere wechseln. Auf dem Führertisch befindet sich das große Handrad (1) zum Einstellen der Fahrstufen (Fahrgeschwindigkeit). Mit dem Hebel (2) links daneben wird die Fahrtrichtung (vorwärts/rückwärts) eingestellt. Die Handgriffe (3) an der rechten Seitenwand dienen zum Einstellen der Bremsen. Die Meßinstrumente (4) in der rechten Seitenwand sind Manometer für die Bremse. In der schrägen Platte des Führertisches befinden sich elektrische Meßinstrumente für Heizspannung (5), Strom aus der Oberleitung (6), Spannung der Oberleitung (7) und Zugkraft (8) sowie der Geschwindigkeitsmesser (9), der Fahrstufenanzeiger (10), eine Uhr (11) sowie 8 Meldelampen (12). Mit den kleinen Schaltern (13) im linken Teil des Tisches werden die Stromabnehmer betätigt und der Hauptschalter und die Hilfsbetriebe geschaltet. An den Vorderfenstern (das linke Fenster ist nicht mehr zu sehen) sorgen Scheibenwischer und elektrisch beheizte Klarsichtscheiben für gute Sicht.

TEE 21 „Rheinpfeil", geführt von einer 112 der DB

Der berühmte „Mistral"-Expreßzug der SNCF, von einer Lok Reihe BB 9200 gezogen, vor den Bergen von Condrien.

Eine der stärksten Elektroloks Österreichs ist die Reihe 1010, eine Co'Co'-Type. Unser Bild zeigt sie auf der Pfaffenbrücke der Tauern-Südrampe.

Qualmwolken ausstoßend. Sie hatte ebenfalls zwei D-Zugwagen angehängt. Sollte hier etwa eine Wettfahrt — — —?

Aber das wäre doch ein Wettlauf zwischen einem Riesen und einem Zwerg!

Geschäftiges Treiben um beide Fahrzeuggruppen. Der Aufwand war besonderen Interesses wert. Die Dampflok bot einen seltsamen Anblick. Sie war zur Verminderung des Luftwiderstandes in ihrem Oberteil vollständig mit Blech verkleidet, eine Art Stromlinienform. Vorn, vor dem Kessel, war sie mit einem zweiten Führerstand ausgerüstet, während der Heizer hinten am gewohnten Platz verblieb. Unmittelbar hinter ihr befand sich der Meßwagen der Preußischen Staatsbahn, durch allerlei Leitungen mit der Lok verbunden.

Eisenbahner in Uniform unterhielten sich in Gruppen, dazwischen Ingenieure und Techniker. Im Hintergrund auch einige Militärs, die der Angelegenheit eine gewisse staatspolitische Untermalung gaben.

Ein schmaler, älterer Herr stand auf dem Bahnsteig und sprach mit einem Ingenieur, der in der Tür des vorderen Führerstandes der Lok lehnte.

„Wird alles klappen, Herr Kühne?“ —

„Alles in Ordnung, Herr Baurat!“ Der Mann vom Führerstand lächelte freundlich. „Ich schätze, daß wir heute unsere Versuchsreihe beenden können. An Geschwindigkeit haben wir das Mögliche bereits erreicht. Vielleicht gibt uns der heutige Beschleunigungsversuch noch einige andere interessante Aufschlüsse.“

Der Mann auf dem Bahnsteig wurde nachdenklich.

„Ich weiß nicht recht, mein lieber Kühne, ob unser heutiges Experiment den rechten Sinn hat. Sollen wir es riskieren, mit der elektrischen Maschine Schritt zu halten?“

„Aber Herr Baurat!“ Der Oberingenieur Kühne turnte vom Führerstand herab. Die Verständigung war von da oben aus zu schlecht. „Aber Herr Baurat, wollen wir denn aufgeben? Wissen wir denn, ob unsere Maschine bereits alles gezeigt hat, was in ihr steckt? Gewiß, ich hatte gehofft, daß wir es wenigstens bis auf 150 Stundenkilometer bringen, aber — na ja — einen Grund zur Aufgabe sehe ich nicht.“

Der Baurat lächelte. „Sie haben recht, mein lieber Kühne, wir geben nicht auf. Übrigens, fahren Sie selbst?“

„Selbstverständlich. Ich habe vorn wieder den bewährten Lokführer Schneider bei mir, während der hintere Führerstand mit 2 Heizern besetzt ist.“

Wumm! — Ohrenbetäubendes Zischen ließ die Männer zusammenfahren. Die Sicherheitsventile der Dampfmaschine bliesen ab, eine Dampfsäule zischte gegen den blauen Himmel und kündete mit ihrem Jubelgesang von der Gewalt der 14 Atmosphären Druck im Kessel.

„Können wir beginnen, Herr Baurat?“ schrie der Oberingenieur seinem Gesprächspartner ins Ohr.

„Ja, es kann losgehen.“ —

Der Oberingenieur reckte den Arm in die Höhe. „Fertigmachen!“ gellte sein Ruf über den kleinen Bahnsteig. Die Männer, die am Versuch teilnahmen, stiegen

Auf der Versuchsbahn Marienfelde—Zossen fanden in den Jahren 1903/04 mehrere Versuche mit Elektro-Schnelltriebwagen und Dampfschnellfahrlokomotiven Bauart Wittfeld-Kuhn statt.

in die Wagen ein. Die Sicherheitsventile verstummten alsbald, statt dessen zischte Dampf aus den Zylinderhähnen. Der Lokführer wärmte die Zylinder an.

Drüben, an der Elektrolok unterhielten sich zwei Männer.

„Paul, weeßte nich, wer der Kleene da drüben ist, der sich mit dem Kühne unterhalten hat? Det Männeken kenne ick jarnich, den ha ick noch nie hier jesehen.“ —

„Wat, den kennste nich, Otto? Mann, det is doch der Chef vons Janze, der Admiral von die Flottille. Det is der kleene Wittfeld, Jeheimer Baurat Justav Wittfeld heeßter. Der hat doch mit an dem Dampfer jebastelt, damit se'n richtig hinkriegten. Det is'n prima Kerl, der Wittfeld, der hat wat uff'm Kasten!“ —

„Hm, der sieht aba jarnich wie'n Jeheimrat aus. Dem Bart nach, da könnt'a 'n Bruder vom Bismarck sein, hihihi!“

Drei langgezogene Pfiffe beendeten die Unterhaltung, als letzter turnte der Oberingenieur auf den Führerstand. Seitlich vor die beiden Loks war jetzt ein Bahnbeamter mit einer roten Signalfahne getreten. Aller Augen schauten auf ihn, Uhren wurden verglichen, das Ereignis strebte seinem Höhepunkt zu. Da, mit energischem Schwung winkte der Mann mit der Fahne — — —

Lärmendes, grelles Zischen, Dampf stob aus vielerlei Ventilen der mächtigen Maschine, alles in einen Nebel einhüllend, mit hörbarem Ruck strafften sich die Kupplungseisen, und dann donnerten schon die ersten Auspuffstöße gegen den Himmel. Langsam begannen sich die riesigen, 2,20 Meter im Durchmesser großen Treibräder zu drehen, der Zug setzte sich in Bewegung. Auf dem hinteren Führerstand begannen die Heizer bereits wieder Kohlen in den unersättlichen Schlund

Die auf der Seite 38 abgebildete Dampflok stand im Wettbewerb mit der von Siemens & Halske gebauten elektrischen 1000-PS-Schnellbahnlok für Drehstrom (Bild oben).

des Kessels zu werfen. In immer rascherer Folge tobten die Auspuffschläge aus dem Schornstein.

„Wuhhh — — — wuhhh — — wuhhh — wuhhh — wuhhh — wuhhhwuhhh-wuhhhwuhhh —“

Gleichmäßig mahlten die Räder schneller und schneller auf dem blanken Schienenstrang, der Dampf verzog sich allmählich und gab die Sicht auf das Nachbargleis frei. Am Fenster des Meßwagens lehnte der Baurat Wittfeld. Ein Ingenieur las die gefahrenen Geschwindigkeiten laut vom Tachographen ab. Seine Stimme klang monoton: „Vierzig — — — fünfundvierzig — — — fünfzig — — — — — — fünfundfünzig —.“ Dauerte das eine Ewigkeit, bis er die nächsten fünf zugab!

Aber wo bleibt denn der elektrische Zug, der zu gleicher Zeit gestartet sein mußte?

Wittfeld blickt nach vorn und nach hinten, so gut es durch die geschlossene Scheibe geht — nichts zu sehen. Sollte er nicht vom Bahnsteig abgekommen sein? Der Beobachter wird unruhig. Mit raschem Griff reißt er am Lederriemen, das Fenster poltert nach unten, weit beugt er sich hinaus. Eine Wolke von Rußkörnchen stiebt auf ihn hernieder, vermischt mit dem Sprühregen feinster Wasserteilchen. Er muß erst einmal die Augen auswischen, weil sich ein Stäubchen darin gefangen hat. Vorsichtig öffnet er sie wieder, dann schließt er gedankenvoll das Fenster. Was er gesehen hat, stimmt ihn nachdenklich.

Der letzte Wagen des elektrischen Zuges ist der Dampflok schon weit voraus. Allzu weit.

Kann der Dampfzug diesen Vorsprung noch einholen?

„Siebzig!" — ruft die Stimme des Ablesenden in den Raum. Schneller und schneller fliegt das Land an dem nachdenklichen Manne vorüber. Die ersten Häuser von Lichtenrade sind bereits zu sehen. Leise wiegt sich der Wagen in den Federn, schwankt ein wenig bei der zunehmenden Geschwindigkeit. Ein langer Schweif aus Rauch und Dampf, der aus dem Kamin der Lok entweicht, verkündet, daß hier ein Kampf der alten Zeit gegen die neue stattfindet, und daß das Alte seine letzten Kräfte aufbietet, gegen das Neue zu bestehen.

Auf dem vorderen Führerstand steht der Oberingenieur Kühne mit verkniffenen Lippen. Der Regler ist voll geöffnet, die rechte Hand hat er am Steuerrad der Dampfzuführung. Mag es Kohlen kosten, was es will, er muß, er muß diesen verdammten elektrischen Zug wieder erreichen, der sich so weit von ihm entfernt hat. Von hier aus, von diesem gläsernen Führerstand hier vorn kann er das Drama weit besser verfolgen, als es hinten vom Wagen aus möglich ist.

Neunzig zeigt der Geschwindigkeitsmesser, als die Fahrt durch Lichtenrade geht. Gleich kommt die flache Kurve hinter dem Bahnhof, dann muß herausgeholt werden, was herauszuholen geht, dann kommen elf Kilometer schnurgerade Strecke, dann muß unbedingt der Ausreißer eingeholt werden.

Die Treibräder der riesigen Maschine wirbeln herum, die Kolben flitzen schneller und schneller in den drei Zylindern hin und her — ach, viel, viel zu langsam.

Es ist nichts sehr Erhebendes, was der Oberingenieur Kühne da vor sich hin murmelt. Verdammte bockige Kiste, woran liegt das nur, daß die Maschine so schwer beschleunigt? Zum soundsovielten Male drückt er mit der Faust an den Regler und probiert, ob er auch voll geöffnet ist. Lokführer Schneider neben ihm spricht ein paar tröstende Worte:

„Aber Herr Oberingenieur, ham Se keene Bange, wir kriegen den Burschen schon noch. Lassen Se uns mal erst nach Rangsdorf kommen, da haben wir ihn." —

Schweigend stehen die Männer im Meßwagen an den Geräten, jeder mit seiner Aufgabe beschäftigt. Das Knallen der Schienenstöße erfolgt in immer kürzer werdenden Abständen. Das kleine Dorf Mahlow fliegt draußen vorbei, ein Bahnhof — die Schranke — husch — vorüber. Stärker wird das Rütteln und Toben.

„Hundertzwanzig!" ruft die Stimme im Meßwagen.

Gustav Wittfeld steht noch immer am Fenster und schaut in das sommerliche Land. Gedanken gehen hinter seiner hohen Stirn spazieren.

Wo eilen sie hin? In die Zukunft? Sieht er die Entwicklung voraus? Elektrische Bahnen, schnelle, rasende Züge, elektrische Loks, Triebwagen? Heißt der Fortschritt Elektrizität?

Wir wissen nicht, was der wortkarge Mann an jenem Tage gedacht hat, wir können nur ahnen, was ihn bewegt haben mag. Wissen wir denn, wie tiefgreifend einzelne Ereignisse, einzelne Begebenheiten oftmals die Entwicklung von Jahrzehnten bestimmen?

„Hundertdreißig!" ruft die Stimme in den Raum.

„Hundertdreißig!“ ruft vorn auf der stärker und stärker rüttelnden und tobenden Dampfmaschine der Lokführer dem Oberingenieur Kühne zu.

Hundertdreißig!

Noch vor Jahren Traum aller Lokbauer.

Und heute?

Immer noch ist der letzte Wagen des elektrischen Zuges auf dem Nachbargleis voraus. Kommen wir ihm näher? Oder ist es nur eine Täuschung?

Es geht ums Ganze.

Donnernd geht die wilde Jagd durch Blankenfelde. Wald nimmt die Bahnstrecke auf, die Jühnsdorfer Heide. Wie ein Baldachin liegt die weiße Dampffahne, mit Rauchfetzen vermischt, über der Strecke. Es ist ein wirbelndes Spiel, welches die Treibstangen vollführen, ein wildes, herrliches Spiel. Welch ein phantastischer Anblick muß das damals gewesen sein, zumal für den unbeteiligten Zuschauer. Erst der Vorbeiflug des elektrischen Zuges in singendem, heulendem Ton. Und dann, kaum daß der Lärm etwas abgeklungen war, Sekunden später die tobende Jagd des Dampfzuges, die Verfolgungsfahrt, der Kampf zweier Epochen miteinander.

„Hundertfünfunddreißig!“ ruft der Mann im Meßwagen.

Noch immer ist der elektrische Zug nicht eingeholt. Rangsdorf fliegt vorbei, der Zug legt sich in die Kurve am Pramsdorfer Vorwerk — wenige Kilometer noch, dann ist die Fahrt vorbei, letzte Chance auf dem Streckenabschnitt durch die Luchwiesen, letzte, allerletzte Chance.

„Hundertfünfunddreißig bleibt!“

Rasend schnell zerrinnen förmlich die letzten Kilometer, der Abstand verringert sich, ja, wird kürzer, langsam, allzu langsam.

Dabendorf kommt in Sicht.

Aus.

Der elektrische Zug liegt noch dreihundert Meter voraus.

Vorbei.

Oberingenieur Kühne zieht den Regler etwas ein, läßt die Bremse spielen.

Der Versuch ist mißlungen.

Mit zwanzig Sekunden Vorsprung läuft der elektrische Zug im Bahnhof Zossen ein. Trotz höherer Geschwindigkeit der Dampflok ist es nicht gelungen, den Vorsprung aufzuholen. Das hohe Beschleunigungsvermögen der Elektrolok hat sich eindeutig als überlegen erwiesen.

Mit knirschenden Bremsen kommt der Dampfzug zum Stehen. Oberingenieur Kühne springt vom Führerstand, geht nach hinten zum Meßwagen, aus welchem der Baurat Wittfeld steigt.

Merkwürdig, wie der lächelt.

Es ist ein feines Lächeln, so, als habe er eben ein schönes Schauspiel erlebt. Kühne ist erstaunt.

„Sehen Sie, mein lieber Kühne, wer hat nun recht gehabt? Wo haben Sie denn den elektrischen Kollegen gelassen?“

„Herr Baurat, es liegt an der Konstruktion der Lok — wir müssen umbauen, wir kriegen die Sache schon hin."

„Lassen Sie nur, Herr Kühne, es hat keinen Zweck, gegen den elektrischen Strom kommen wir nicht mehr an, die Zeit ist vorbei. Wir sollten die heutige Fahrt anders beurteilen." Nachdenklich streift der Blick des schmächtigen Mannes den Zug, die Lok mit der stolzen Nummer 561, schweift hinüber zum Nachbargleis, wo die elektrische Bahn steht mit der kleinen, unscheinbaren Maschine.

Ich glaube, mein lieber Herr Kühne, die heutige Fahrt hat uns den Blick in die Zukunft gewiesen." — — —

*

Am 1. August des Jahres 1904 richtet der Minister für Öffentliche Arbeiten in Preußen ein besonderes Dezernat für die Aufgaben der Elektrotechnik im Eisenbahnwesen ein.

Zu seinem Leiter wird unter Ernennung zum vortragenden Rat der Geheime Baurat Gustav Wittfeld bestellt.

Damit tritt ein Mann an die Öffentlichkeit, der der elektrischen Zugförderung endgültig zum Siege verhelfen sollte.

Die Ereignisse häufen sich.

Die 1903 von der AEG eingerichtete Versuchs-Wechselstrombahn Niederschöneweide — Spindlersfeld erfährt stärkste Unterstützung durch den Staat. Wittfeld erkennt als erster, daß der Betrieb mit Wechselstrom allen anderen Stromarten überlegen ist (Abb. S. 18, unten).

1907 und 1908 werden die ersten großen Wechselstrom-Lokomotiven auf der Oranienburger Versuchsbahn in Dienst gestellt. Im gleichen Jahr wird auf Wittfelds Betreiben die Hamburger Vorortbahn Ohlsdorf — Blankenese mit Wechselstrom elektrifiziert.

Großversuche werden gestartet. Hauptbahnen werden auf elektrischen Betrieb umgestellt. Man wählt, um in jeder Hinsicht Erfahrungen zu sammeln, eine Flachlandstrecke, die Linie Dessau — Bitterfeld, und eine Gebirgsbahn, die Linie Lauban — Königszelt in Schlesien. Eigene Bahnkraftwerke müssen zu diesem Zweck gebaut werden, in Muldenstein, in Mittelsteine. Am 18. 1. 1911 fährt der erste elektrische Eisenbahnzug auf der Strecke Bitterfeld — Dessau (Abb. S. 19, oben).

Wittfeld hält, allen Anfeindungen zum Trotz, an seinem Ziel unverrückt fest. Sein Blick geht weit in die Zukunft. Er legt den Grundstein für das elektrische Bahnnetz unserer Zeit. Seine vielleicht größte Tat ist die Mitwirkung am Staatsvertrage zwischen Preußen, Bayern und Baden, der im Jahre 1912 zum Abschluß kommt und in welchem ein für allemal Wechselstrom von 15 000 Volt und $16^2/_3$ Hertz als Bahnstrom festgesetzt wird.

Es ist die Stromart, unter welcher heute ganz Mitteleuropa und Nordeuropa fährt.

Dessen nicht genug. Wittfeld erkannte, daß auf Strecken, deren Elektrifizierung sich nicht lohnt, ein anderes billiges elektrisches Fahrzeug verkehren müsse. Seinen Plänen verdankt der Akkumulator-Triebwagen, das Speicherfahrzeug, seine Entstehung. 1907 und 1908 verkehren die ersten Speichertriebwagen. Man nennt sie kurzerhand Wittfeld-Wagen (Abb. S. 20).

Sie haben sich bestens bewährt, sie sind heute aus dem Eisenbahnbetrieb nicht mehr wegzudenken.

Pionier der elektrischen Eisenbahn: Gustav Wittfeld. —

Ein Kapitel Technik

Uns Heutigen ist alles verständlich geworden.

Wir gehen zum Bahnhof, wissen, ohne daß wir uns überhaupt darüber Gedanken machen, daß der Zug uns sicher an das gewünschte Ziel bringt. Wir gehen achtlos an der Lokomotive vorbei. Vielleicht denken wir gerade noch so eben an die Zeit vor fünf oder zehn Jahren, als man noch mit Dampf — — — wie ist das schon lange her!

Es muß wohl so sein. Der erste Mensch, der das Feuer erfand, wird zutiefst erschüttert, zutiefst aufgewühlt gewesen sein von dieser Erkenntnis.

Seine Kinder haben sich schon nichts mehr dabei gedacht. Das Feuer war selbstverständlich geworden.

So selbstverständlich, wie unser heutiges Verkehrswesen.

Nun, die Selbstverständlichkeit lähmt alles Denken, sie schläfert ein, sie macht stumpf und gleichgültig. Gottlob, daß wir das wissen, wir wollen schleunigst einmal sehen, was an unserer Lokomotive alles nicht selbstverständlich ist.

Das geht aber nicht ohne ein bißchen Technik. Ohne daß wir mal dem Konstrukteur über die Schulter aufs Reißbrett schauen, was er da wohl für komische Kringel und Linien malt. Wer der trockenen Technik abhold ist, der überschlage die nächsten Seiten. Irgendwo wird's auch für ihn wieder interessant werden.

Schade, daß wir nicht schon um die Mitte der zwanziger Jahre dem Ingenieur zuschauen konnten, das hätte sich nämlich wirklich gelohnt. Damals hat sich sehr viel auf den Reißbrettern getan, denn der elektrische Bahnbetrieb kam mächtig in Schwung.

Der Erste Weltkrieg hatte, wie in so vielen Dingen, auch der elektrischen Zugförderung ein vorläufiges Halt geboten. Die schlesische Strecke war zwar noch zur Eröffnung gekommen, nachdem die Arbeiten zwecks Elektrifizierung schon seit 1911 liefen. Am 1. April 1916 war auch der erste Zug gefahren. Aber dann schlief alles wieder ein.

Die alten Güterzuglokomotiven der Preußischen Staatsbahn haben noch bis 1955 als Reihe 71 Dienst getan.

In Baden hatte man die Wiesentalbahn 1913 in Betrieb genommen, in Bayern die Strecken Garmisch — Mittenwald und Freilassing — Berchtesgaden elektrifiziert, so daß allmählich fünf unabhängig voneinander arbeitende Netze entstanden waren.

Allerdings, über einen Mangel an Lokomotivtypen brauchte sich niemand zu beklagen. Die abenteuerlichsten Konstruktionen entstanden, teils vor, teils nach dem Kriege. So stellte Preußen zwischen 1909 und 1921 84 Elektroloks 20 verschiedener Typen in Dienst.

Manche verschwanden schon nach wenigen Jahren wieder, manche haben sich länger gehalten, andere kennen wir nur noch dem Namen nach. Und doch waren wiederum auch Treffer darunter. Mit den auf der Strecke Dessau — Bitterfeld eingesetzten 2'B1'-Elektroloks wurden bei Versuchsfahrten mit Zug 135 km/h erreicht (Abb. S. 19).

Bayern stellte 19 Elektroloks 5 verschiedener Bauarten in Dienst, während Baden mit 12 Maschinen 4 verschiedener Baumuster auskam.

Summa summarum: 29 verschiedene Typen von Elektroloks.

Heilige Vielfalt!

Warum diese Fülle, warum diese zahlreichen Versuche?

Die Elektrizität war zu neu, um auf Anhieb zum Erfolg zu führen. Bedenken wir, daß die endgültige Form jedes Einzelteiles erst in langwierigen Versuchen gefunden werden mußte. Allen Experimenten der Frühzeit verdanken wir unseren heutigen technischen Hochstand. Damals wußte man noch nicht einmal, in welcher Richtung man sich bewegen sollte. Das fing schon bei der Stromart an.

Wir hatten gesehen, daß die elektrische Zugförderung vom Gleichstrom ihren Ausgang nahm. Gleichstrom hat nun neben seinen Vorzügen — robuste, widerstandsfähige, hoch überlastbare und leicht regelbare Motoren einfacher Bauart und großer Anfahrzugkraft — auch Nachteile.

Seine Fahrleitungsspannung kann bei den Motoren nur bis höchstens 3000 Volt

Zweckverband
Deutsches Dampflokomotiv Museum
Birkenstraße 5 · 95339 Neuenmarkt
Telefon (0 92 27) 57 00 · Fax (0 92 27) 57 03
ddm@dampflokmuseum.de
www.dampflokmuseum.de

DEUTSCHES
DAMPFLOKOMOTIV
MUSEUM

www.dampflokmuseum.de

Die alten Drehstromlokomotiven der Italienischen Staatsbahn sind an ihren auffallenden Stromabnehmern leicht kenntlich. Die Oberleitung war zweipolig.

gesteigert werden, da die Isolationsverhältnisse dann zu wünschen übriglassen. Bei höheren Spannungen müßte man die Kommutatoren, die Stromwender, im Motor unverhältnismäßig vergrößern. Deshalb hat man sich bei Fernbahnen in der Regel auf 1500 Volt beschränkt. Strom in solch niedriger Spannung auf große Entfernungen zu transportieren, bringt aber erhebliche Verluste mit sich, die man nur durch viele teure Speisepunkte entlang der Strecke vermeiden kann. Gleichstrom verlangt auch einen schweren Fahrdraht mit großem Leitungsquerschnitt. Nun, den Problemen könnte ja abgeholfen werden, wenn es doch nur einen wirtschaftlichen Weg gäbe, Gleichstrom hoher Spannung auf der Lokomotive in solchen der Motorspannung umzuwandeln, zu transformieren. Das gibt es leider noch nicht. Daher bleibt das Gleichstromfahrzeug auf Bahnen geringer Streckenweite, Straßenbahnen, Stadtbahnen usw. beschränkt oder lohnt sich nur bei hochbelasteten Strecken, wo sich die vielen teuren Unterwerke bezahlt machen. Diesen Weg haben einzelne Länder bei verschiedenen Hauptstrecken beschritten.

Auch Drehstrom ist nicht sonderlich geeignet. Abgesehen davon, daß er eine zweipolige Fahrleitung braucht, die gar nicht so einfach anzulegen ist und besonders bei Weichen, Kreuzungen, Abzweigungen usw. ihre Tücken besitzt, ist der Drehstrom-Synchronmotor allzusehr durch seine starre Drehzahlverbindung im Nachteil, die eine Geschwindigkeistregulierung nur in ganz wenigen Stufen zuläßt. So gibt es zum Beispiel bei der Italienischen Staatsbahn noch Drehstromlokomotiven, die nur vier Geschwindigkeitsstufen besitzen: 37, 50, 75 und 100 km/h.

Obwohl die ersten großen Erfolge des elektrischen Bahnbetriebes mit Drehstrom erzielt wurden — denken wir nur an die Rekorde auf der Strecke Marienfelde — Zossen — zeigte sich doch, daß er für den Bahnbetrieb mehr Nachteile als Vorteile aufweist. Man ist daher vom Drehstrom abgekommen. Die Simplonstrecke war 1902—1910 mit ihm ausgerüstet, ist aber 1930 auf Einphasen-Wechselstrom umgestellt worden. Auch Italien, das ihm seit 1912 die Treue hielt, ist dabei, seine Drehstromstrecken umzuschalten.

Blieb also nur der Wechselstrom übrig, der alle Voraussetzungen mitbringt, in idealer Weise das Bahnfahrzeug anzutreiben.

Er kann in hohen Spannungen von 15 000 oder 25 000 Volt über weite Strekken transportiert werden, der Unterwerke-Abstand ist groß, die Verluste sind gering. Im Wechselstrom-Triebfahrzeug wird der hochgespannte Fahrleitungsstrom — in Deutschland 15 000 Volt — auf die für die Fahrmotoren geeignete Spannung herabtransformiert. Allerdings mußte man einen Strom niedriger Periodenzahl, etwa $16^2/_3$ Hz, wählen, weil in den ersten Jahren nach der Jahrhundertwende der Bau von Einphasen-Wechselstrommotoren nur mit Kommutatoren niedriger Frequenz möglich war. Heute ist man auch in der Lage, Bahnmotoren für Wechselstrom hoher Frequenz, von ca. 50 Hz zu bauen. Die Deutsche Reichsbahn hat lange Zeit auf der Höllentalbahn mit dem 50-Hz-Strom Versuche gemacht und Pionierarbeit geleistet. Dieser Strom hat besondere Bedeutung, weil er aus dem Landesnetz, aus unserem gewöhnlichen Lichtnetz entnommen werden kann und keine besonderen Bahnstrommaschinen in den Kraftwerken erfordert. Das verbilligt natürlich die Stromversorgung ganz außerordentlich.

Leider kommen aber diese Erkenntnisse zu spät. Das mitteleuropäische Eisenbahnnetz ist nun einmal für $16^2/_3$ Hz eingerichtet mitsamt seinen Loks und allen anderen Einrichtungen, so daß eine Umstellung mit großen Kosten verbunden wäre. Wer gibt auch gern Bewährtes auf? Frankreich und andere Länder sind da besser dran. Da Frankreich seine Strecken bisher mit Gleichstrom betrieb, dessen Mängel wir erwähnten, konnte es bei seinen Neuanlagen gleich zum 50-Hz-Strom übergehen. Es hat auf diesem Gebiet Erfolge erzielt, die so bedeutsam sind, daß es heute führend in der ganzen Welt ist. Dabei spielt der Einsatz von Gleichrichterloks eine große Rolle. Man braucht nämlich die Motoren gar nicht für 50 Hz zu bauen. Der Wechselstrom der Fahrleitung wird auf der Lok mittels Germanium- oder Silicium-Gleichrichtern — besonders der Bauart Ignitron — in welligen Gleichstrom umgewandelt. Man hat also im Fahrdraht den billigen 50-Hz-Wechselstrom, kann aber die Motoren mit dem hierfür idealen Gleichstrom betreiben.

Das ist beinahe das Ei des Kolumbus, und die Franzosen schlagen dabei sämtliche Fliegen mit einer Klappe.

Diese Betriebsform scheint zukunftsweisend zu sein. Die britischen, sowjetischen und andere Bahnen haben sich entschlossen, dem französischen Beispiel wegen seiner großen Vorteile zu folgen.

Doch wir werfen bereits mit Fachausdrücken, mit Gleichrichtern, mit Kommutatoren, mit 50-Hz-Strom um uns, ohne überhaupt untersucht zu haben, wie dieser geheimnisvolle Blechkasten, der unter der Bezeichnung Elektrolok in Betrieb ist, überhaupt funktioniert.

Die erste von der AEG gebaute Grubenlok aus dem Jahre 1889

Den Gang der Entwicklung kennen wir ja nun zur Genüge, wie aus der elektrischen Straßenbahn der Elektrotriebwagen, aus diesem die Elektrolok wurde. Aber auch bei der Elektrolok unterscheiden wir drei große Gruppen von Fahrzeugen, die sich erheblich voneinander unterscheiden.

Da sind zuerst die Grubenlokomotiven. Sie werden in den Bergwerken und Zechen unter Tage eingesetzt, wo sie die Kohlen- und Erzwagen, die Hunte, durch die Stollen zum Förderschacht ziehen. In den Bergwerksstollen ist es eng, diese Lokomotiven sind sehr klein und oft so gebaut, daß man sie mit dem Förderkorb nach unten bringen kann. Übrigens sind diese Dinger schon alt. Siemens hat 1882 die ersten kleinen Grubenloks für die Bergwerke Neu-Staßfurt und Zauckerode gebaut.

Die zweite Gruppe sind die Industrieloks. Ihr Haupteinsatzgebiet sind die Bergwerke über Tag, die rheinischen und mitteldeutschen Braunkohlengruben, wo sie den Abraum (die Erde, die über der Kohle liegt) in langen Zügen von Kippwagen abtransportieren müssen. Solche Züge sind sehr schwer, sie wiegen meist mehr als 1000 t, also mehr als 1000 mittlere Personenautos zusammen. Diese Züge müssen zu allem Überfluß regelmäßig in vollbeladenem Zustand aus der Grube herausgezogen werden. Auch dem Nichtfachmann leuchtet ein, daß dabei gewaltige Zugleistungen verlangt werden. Allerdings sind keine großen Geschwindigkeiten erforderlich, schneller als 20 km/h braucht ein Abraumzug nicht zu fahren.

Die dritte Gruppe von Elektroloks sind die sogenannten Hauptbahn- oder Streckenloks, auch Vollbahnlokomotiven genannt. Sie stehen an Leistungsfähigkeit den Industrieloks nicht nach, übertreffen sie oft noch, weil im Zugbetrieb auch noch hohe Geschwindigkeiten verlangt werden.

Elektrische Vollbahnlokomotiven bestehen heute im mechanischen Teil — so nennt man alles das, was an einer Ellok nicht elektrisch ist — aus einem Wagenkasten, der auf zwei meist zweiachsigen Drehgestellen ruht. Der Wagenkasten enthält die elektrischen Einrichtungen, Transformatoren, Schaltwerke usw., während in den Drehgestellen an jede Achse ein Elektromotor angebaut ist. Die Motoren sind sehr stark, jeder gibt eine Leistung von ungefähr 1000 PS ab. Auf den Ankerwellen der Motoren sind Zahnräder mit kleinem Durchmesser und wenigen Zähnen befestigt, sogenannte Ritzel, die in auf den Lokomotivachsen befestigte Zahnräder mit großem Durchmesser und vielen Zähnen eingreifen. Läßt man Strom in die Motoren, fangen die Ankerwellen sich zu drehen an, und über die Zahnräder müssen sich auch die Lokachsen drehen. Weil nun aber eine große Kraft dazugehört, eine Lok und einen ganzen Zug in Bewegung zu setzen, ist am Motor das kleine Zahnrad angebracht und auf der Achse das große, das Drehmoment des Motors wird also ins Große übersetzt. Dieses Übersetzungsverhältnis spielt bei der Elektrolok eine große Rolle. Wenn also das Ritzel zum Beispiel 21 Zähne hat und das große Rad 63, dann ist das Übersetzungsverhältnis 3, die Achse dreht sich den dritten Teil langsamer als die Motorwelle, das Drehmoment ist aber dafür dreimal so groß.

Güterzugloks haben daher große Übersetzungsverhältnisse, Schnellzugloks kleine, weil einmal das Schwergewicht auf der großen Zugkraft, das andere Mal auf der hohen Spitzengeschwindigkeit liegt. Der gleiche Motor kann dadurch für verschiedene Zwecke verwendet werden.

Übrigens ist die Übertragung des Drehmomentes des Motors auf die Achse gar nicht so einfach, wie es den Anschein hat, und kein Teil der Elektrolok hat den Ingenieuren so viel Kopfschmerzen bereitet wie der Antrieb. Die Gleise sind nämlich keine glatte Fahrstrecke, an Schienenstößen, an Weichen, an Bodensenkungen laufen die Achsen unruhig oder springen sogar, sie vollführen ent-

Die bekannte Schweizer Güterzuglok, das „Krokodil", ist mit dem Winterthurer Schrägstangenantrieb ausgerüstet.

sprechend dem Federspiel auf- und abgehende Bewegungen. Es muß dafür gesorgt werden, daß auch an solchen Stellen die Zahnräder immer richtig im Eingriff sind, der Abstand von der Motorwelle zur Lokachse darf sich also in keinem Fall verändern. Außerdem darf der Motor nicht allzusehr erschüttert werden. Man hat alle möglichen Arten des Antriebs ausprobiert. Zu Anfang des Lokbaus meinte man, eine Kraftübertragung durch Treibstangen, wie man es bei der Dampflok gewöhnt war, sei die einfachste Lösung (Abb. S. 19). Denn zuerst besaßen die Loks nur einen großen Motor, der in der Mitte des Wagenkastens auf dem Rahmen lag und oftmals noch ein Stückchen übers Dach hinausschaute. Der Stangenkurbelantrieb hat sich lange gehalten, auch als die Motoren kleiner wurden, als man Übersetzungen einschaltete. Der Winterthurer Schrägstangenantrieb ist zum Beispiel aus der Schweiz her sehr bekannt geworden.

Stangenantrieb besitzt aber manche Nachteile. Die vielen Lager neigen zum Klappern und erfordern Unterhaltungsaufwand. Mitunter ergeben sich Schüttelschwingungen, die zu Stangenbrüchen führen. Nach und nach entwickelte sich also der direkte Antrieb vom Motor auf die Achse mittels Zahnradübersetzung. Und da haben sich so viele Lösungen ausgebildet, daß wir sie im einzelnen gar nicht alle besprechen können. Neben dem Tatzlagermotor entstand der Buchli-Antrieb, der besonders überzeugend den Wert des Einzelachsantriebes nachwies. Die AEG entwickelte den Westinghouse-Federtopfantrieb, Bauart Kleinow. Es entstand der Alsthom Gelenkwellenantrieb, und unsere heutigen Bundesbahnlokomotiven sind mit dem SSW-Gummiringfederantrieb ausgerüstet. Das große Zahnrad der Lokachse ist mit Hilfe von Gummielementen gegen die Speichen des Treibrades abgefedert.

Doch wir reden immer vom Antrieb und wissen noch gar nicht, wie der Strom überhaupt in die Motoren gelangt.

In fünf bis sechs Meter Höhe über dem Gleis hängt die elektrische Oberleitung, der „Fahrdraht". Wer aber meint, der Strom käme allein aus diesem Draht, der ist auf dem Holzwege, denn er kommt nämlich zum gleichen Teil aus den — Schienen! Und da wir Wechselsstrom haben, ist die Sache besonders lustig. Beim Wechselstrom ändert der Strom dauernd seine Richtung, mal fließt er von oben nach unten, mal von unten nach oben. Die Wechsel folgen in der Sekunde $16^2/_3$ mal in der einen und $16^2/_3$ mal in der entgegengesetzten Richtung. Aha, daher auch $16^2/_3$ Hz als Maßangabe für die „Frequenz", die Zahl der Schwingungen pro Sekunde. Beim 50-Hz-Strom gibt es also 50 Wechsel in der Sekunde!

Strom kann nur fließen, wenn elektrische Spannung vorhanden ist. Davon sprachen wir schon, sie beträgt bei unseren Eisenbahnen 15 000 Volt. Die Lok entnimmt den Strom aus dem Fahrdraht mit Hilfe des Stromabnehmers, von denen jede Lok zwei Stück oben auf dem Dach besitzt. Meist wird nur mit einem — dem hinteren — gefahren. Dieser wird mittels Druckluft nach oben gestreckt. Sein oberer Teil heißt Wippe und enthält ein Kohleschleifstück, das am Draht anliegt. Heute werden einholmige Abnehmer bevorzugt.

Vom Stromabnehmer wird der Strom zunächst zum Hauptschalter geleitet, dessen Zweck es ist, bei Überlastung oder Kurzschluß automatisch die Verbindung zu trennen. Der Lokführer kann ihn aber auch zu jeder beliebigen Zeit betätigen, zum Beispiel, wenn er den Maschinenraum betritt. Das Kommando „Hauptschalter aus" ist daher häufig im Bahnbetrieb zu hören.

Hinter dem Hauptschalter fließt der Strom in den Transformator, der in der Mitte des Wagenkastens steht. Der Trafo wandelt die Stromspannung ab, denn die Fahrmotoren werden nur mit einer Spannung von etwa 600 V betrieben. An den Trafo wird nun auch der zweite Pol angeschlossen, der einfach mit dem eisernen Kasten der Lok verbunden wird und somit über Räder und Schiene die andere Hälfte des Stromes bezieht. Erst wenn dieser Pol angeschlosssen ist, können die Wechsel beliebig hin- und herfließen.

Wenn wir nun fahren wollen, langsam oder schnell, brauchen wir nur die Spannung der Motoren zu ändern. Sie geben ihre höchste Drehzahl bei 600 V ab. Geben wir ihnen weniger Spannung, laufen sie entsprechend langsamer. Aus diesem Grunde hat der Trafo eine Reihe Anzapfungen, an denen man verschieden hohe Spannungen abgreifen kann. Die erste Anzapfung hat z. B. nur 70 V, die zweite 100 und so weiter. Am Trafo ist ein Stufenschaltwerk angebaut, mit dem man nacheinander die einzelnen Anzapfungen mit der Stromleitung zu den Fahrmotoren verbinden kann. Dieses Stufenschaltwerk wird durch einen kleinen Hilfsmotor angetrieben, den der Lokführer vom Führerstand aus steuert. Dort befindet sich der Fahrschalter mit einem Handrad, das die Einstellung von etwa — je nach Loktype — 24 bis 36 Fahrstufen erlaubt.

Da zum Anfahren eines schweren Zuges viel Zugkraft erforderlich ist, genügt meist die erste Fahrstufe mit ihren 70 Volt nicht. Der Lokführer stellt also, sagen wir mal, gleich die 6. Fahrstufe ein. Der Hilfsmotor — er wird Steuermotor genannt — läuft nun automatisch nacheinander die Anzapfungen 1, 2, 3, 4, 5 bis 6 durch und bleibt dort stehen. Wir können das Schaltgeräusch auf dem

Bahnhof sehr gut hören, wenn ein Zug abfährt. Es ist jenes bekannte „tacke-tacke-tacke“, über das sich mancher vielleicht schon gewundert hat, ohne es deuten zu können.

Selbstverständlich kann der Lokführer die Fahrstufen auch zurückschalten und die Motorspannung entsprechend verringern.

Will der Lokführer nun rückwärts fahren, muß die Drehrichtung der Fahrmotoren gewechselt werden. Die Erregerwicklung der Motoren wird mit Hilfe eines Schaltapparates, den wir Richtungswender nennen, umgepolt. Da er jeweils zwei Motoren umschaltet, sind bei einer viermotorigen Lok nur zwei Richtungswender eingebaut.

Jeder Motor und jeder elektrische Apparat wird beim Betrieb warm. Laufen die Motoren mit großer Anstrengung, zum Beispiel beim Anfahren, so entsteht sogar besonders viel Wärme. Es muß also gekühlt werden. Ein kräftiger Luftstrom, der von großen Ventilatoren erzeugt wird, die im Maschinenraum jeweils oberhalb der Fahrmotoren stehen, wird durch bewegliche Übergangsschläuche in das Innere der Motoren eingeblasen. Auch das Heulgeräusch der laufenden Ventilatoren ist beim Stillstand der Lok sehr gut zu hören. Ebenfalls muß der Transformator gekühlt werden. Zu diesem Zweck ist sein Gehäuse mit Öl gefüllt, das mittels einer elektrischen Pumpe durch einen Ölkühler gepumpt wird, der beinahe wie der Kühler eines Autos aussieht. Ein Ventilator bläst ständig Luft durch diesen Kühler, damit das Öl abgekühlt wird.

Daß natürlich auf der Lok auch ein elektrischer Kompressor steht, der die Druckluft für die Bremsen erzeugt, wollen wir nur der Vollständigkeit halber erwähnen. Manche Elektrolokomotiven sind mit elektrischen Widerstandsbremsen ausgerüstet, z. B. die 110, 140 und 150. Der im Leerlauf tätige Motor wirkt hierbei als Generator, dessen erzeugte Energie mittels elektrischer Widerstände vernichtet wird, also zur Bremsung des Fahrzeuges dient. Man bedient sich ihrer gern bei der Fahrt im Gefälle. Besonders beim Gleichstrom wird von der Widerstandsbremse reichlich Gebrauch gemacht, bei der Hamburger S-Bahn dient sie sogar als Haltebremse.

Nun, wer jetzt nicht wenigstens ein halber Ingenieur ist, dem kann auch nicht mehr geholfen werden.

Ein Wort müssen wir allerdings noch über die Leistungsbezeichnung der elektrischen Maschine verlieren. Bei der Dampflok war das einfach, da ist Leistung gleich Leistung. Anders bei der Elektrolok. Wir unterscheiden:

Die Dauerleistung: Sie muß beliebig lange abgegeben werden können, ohne daß die zulässigen Erwärmungsgrade des Motors überschritten werden.

Die Stundenleistung, auch Nennleistung genannt: Sie muß, vom kalten Zustand beginnend, eine Stunde lang abgegeben werden können, ohne daß die zulässigen Erwärmungsgrade des Motors überschritten werden. Sie ist um etwa 5—10 Prozent höher als die Dauerleistung.

Die Anfahrleistung: Sie kann 5 Minuten lang abgegeben werden und ist etwa doppelt so hoch wie die Dauerleistung.

Nun können wir uns doch wenigstens etwas darunter vorstellen, wenn wir lesen, daß die Lokgattung 110 der Deutschen Bundesbahn eine Dauerleistung von 3620 kW und eine Stundenleistung von 3700 kW hat. Da 1 kW = 1,36 PS ist, können wir uns leicht ausrechnen, daß unsere 110 in der Lage ist, dauernd 4923 PS und eine Stunde lang 5032 PS abzugeben (Abb. S. 80).

Das ist schon 'ne Wucht!

An der Spitze aller deutschen Elektrolokomotiven steht aber heute die 1965 erstmals in Dienst gestellte 103, eine sechsachsige Schnellfahrlokomotive für Geschwindigkeiten von 200—250 km pro Stunde. Diese Maschine ist in der Lage, zehn Minuten lang eine Höchstleistung von 9000 kW, das sind rund 12 000 PS, abzugeben, eine Leistung, wie sie bisher nur von der Schweizer Gotthard-Lok Ae 8/14 aufgebracht wurde. Die 103 besitzt eine Anfahrzugkraft von 32 t, das entspricht einer Schubkraft eines dreistrahligen Düsenflugzeuges. Sie vermag in weniger als 180 Sekunden einen aus acht D-Zugwagen bestehenden Zug aus dem Stillstand bis auf 200 km/h zu beschleunigen!

Die 103 hat übrigens erst 1965 den alten Ellok-Riesen von 1927, die E 21 51, zu schlagen vermocht, die damals schon über eine Stundenleistung von 6340 PS verfügte und jahrzehntelang der Kraftprotz unter den deutschen Lokomotiven war. Die E 21 entstand als Versuchslok in einer Zeit, als man neue Antriebsformen suchte, um die günstigste Bauart für elektrische Lokomotiven zu finden. Aus diesen Versuchen ging damals die E 17, heutige 117, hervor (Abb. S. 158), sozusagen als Großmutter aller modernen elektrischen Lokomotiven.

Früher unterschied man die elektrischen Maschinen noch nach dem Verwendungszweck wie bei den Dampfloks, Schnellzug-, Personenzug- und Güterzugdienst. Heute ist dieser Unterschied weitgehend verschwunden, und die elektrische Maschine ist durchweg eine Mehrzwecklok. So unterscheidet sich zum Beispiel unsere 110 von der 140 nur dadurch, daß sie mit einer anderen Übersetzung ausgerüstet ist, die sie befähigt, 150 Kilometer in der Stunde zu erreichen, während die 140 nur 100 km/h Geschwindigkeit leistet. Die Maschinen sind sonst fast völlig gleich.

Programm für den Bau elektrischer Lokomotiven der DB

Baureihe neu	Baureihe alt	Achs-anordnung	Achs-last Mp	Stunden-leistung kW	Höchst-geschwin-digkeit km/h	Verwendungszweck
103	E 03	Co'Co'	18,6	6420	200	Schnellfahrlokomotive
110	E 10[1]	Co'Co'	21	3700	150	für Schnell- und Eilzüge
140	E 40	Bo'Bo'	21	3700	100	für gemischten Dienst und schwere Güterzüge im Flachland
141	E 41	Bo'Bo'	16,5	2400	120	für leichte Personen- und Güterzüge auf Haupt- u. Nebenbahnen
150	E 50	Co'Co'	21	4400	100	für schwere Güter- und Schnellzüge auf Steigungsstrecken

Für ihr 1500-V-Gleichstromnetz stellte die SNCF 1961 neue Mehrzweckloks der Reihe BB 9400 in Dienst. Man beachte die schwere Gleichstrom-Fahrleitung.

Die Loks der Reihe E 636, Achsfolge Bo' Bo' Bo', gehören zu den modernsten der Italienischen Staatsbahn. Hier stehen Nr. 143 und 015 abfahrbereit vor dem Brennerexpreß im Bahnhof Bozen/Bolzano.

Elektrolok der Baureihe 4061 der ÖBB verläßt den Bahnhof Schwarzach—St. Veit. Links ein altes österreichisches Hauptsignal

Auch Österreich besitzt sein „Krokodil“, die Reihe 1189, hier vor einem Güterzug bei Haiding, Strecke Wels—Passau.

Die vielbewährte 118 der DB vor Schnellzug München—Dortmund auf der Spessartstrecke

Zwerg unter lauter Giganten! Zug auf der schmalspurigen Mariazeller Bahn, geführt von Lok der Reihe 1099 der ÖBB

Die Deutsche Bundesbahn hat außer der modernen 103 noch eine ganze Reihe alter Loktypen in Betrieb, so die leichten 104er (früher E 04), eine 1'Co 1'-Schnellzuglok, die seinerzeit, 1932, sehr bewundert wurde. Mit ihr fingen übrigens die Rekorde an. Da sollten wir den 28. 3. 1933 nicht vergessen. Damals hat die E 04 09 eine Probefahrt vor einem 309 t schweren Zug von München nach Stuttgart zurückgelegt. Der Zug bestand aus einem Meßwagen und sechs D-Zugwagen. Die Strecke München — Stuttgart wurde in 146 Minuten bewältigt, dabei ergaben sich Geschwindigkeiten von 145 km/h auf längeren Abschnitten, und auf der schon aus der Dampflokzeit her berühmten Rennbahn zwischen München und Augsburg wurden sogar 151,5 km/h erreicht. Auf der Rückfahrt brummte die E 04 09 mit ihrem Zug die berühmte und berüchtigte Geislinger Steige mit 68 km/h hinauf (Abb. S. 151).

Alle Achtung!

Am 18. 6. 1935 hat man mit der seinerzeitigen E 18 01 eine ähnliche Probefahrt veranstaltet. Diesmal bestand der Zug aus 10 D-Zugwagen von 400 t Gewicht. Die E 18 01 schaffte die gleiche Strecke in 137 Minuten und erreichte 167 km/h als Spitzengeschwindigkeit. Die Geislinger Steige wurde mit 70 km/h genommen. Die E 18 kann in 100 Sekunden aus dem Stand heraus bis auf 100 km/h beschleunigen (Abb. S. 55 und 158).

Die E 19, heutige 119, am 15. 12. 1938 der Reichsbahn übergeben, hat es dann auf 180 km/h gebracht und ist sogar für 225 ausgelegt. Sie war bis zum Erscheinen der neuen E 03 die weitaus schnellste deutsche Elektrolok.

Die Leistungen der Maschine sind so außerordentlich, daß wir sie aufzählen wollen: Dauerleistung 5000 PS bei 162 km/h, Stundenleistung 5500 PS bei 162 km/h, Viertelstundenleistung 7500 PS bei 135 km/h, Höchstleistung auf der letzten Fahrstufe 7880 PS! Unsere deutschen Elektroloks brauchen ihr Licht wirklich nicht unter den Scheffel zu stellen (Abb. S. 158).

Nun können wir natürlich nicht alle erwähnen, das würde entschieden zu weit führen und wir erhielten schließlich einen Lok-Katalog. Aber jede hat ihre Geschichte, von jeder könnte man etwas Besonderes erzählen. Da wurde zum Beispiel im Jahre 1927 auf der schlesischen Gebirgsbahn ein wahrer Goliath in Dienst gestellt, die E 95, Achsfolge 1'Co + Co 1'. Die Lok war 20,9 m lang und wog 138,5 t! Ein Stück von dieser Sorte kostete damals schon die Kleinigkeit von 540 000 RM! Das war selbst der Reichsbahn zu viel. Man suchte nach Mitteln, die Loks weniger aufwendig und billiger zu bauen. Denn bald begann die Wirtschaftskrise, und das Geld wurde knapp. Da aber alles sein Gutes hat, entstand aus diesem Zwang zur Sparsamkeit eine unserer schönsten deutschen Elektroloks überhaupt, die in jeder Hinsicht Pionierarbeit geleistet hat, die E 44. Sie ist eine der ersten laufachslosen Streckenloks, deren Aufbau sich auf Drehgestelle stützt, und bedeutete damals, 1931, eine wirkliche Umwälzung im Lokomotivbau (Abb. S. 32). Gelten doch die Prinzipien der E 44 heute noch. Sie gab übrigens auch dem Ausland sehr viel Anregung, der laufachslosen Lok näherzutreten, und besonders die Schweizerischen Bundesbahnen haben dann diesen Weg erfolgreich weiter beschritten. Wie sich die Anschauungen wandeln: Vor 25 Jahren wäre eine Schnellzuglok ohne Laufachsen undenkbar gewesen, während heute die Laufachse aus den Konstruktionssälen völlig verbannt ist.

Mit der E 44 ist einmal auf der Strecke Halle — Köthen eine Probefahrt vor einem 1000-t-Zug durchgeführt worden. Sie hat diesen Zug glattweg mit 100 km/h befördert! Na, wenn das nichts ist!

Die E 44 , jetzt 144, sind heute noch in großer Anzahl in Dienst und versehen vorwiegend den Personenzugdienst. Vor Güterzügen sehen wir noch oft die 194, eine beliebte und geschätzte Type, die vielseitig einsetzbar ist und sich auch auf den österreichischen Bergbahnen bestens bewährt hat (Abb. S. 160).

Wenn wir aber schon unsere beliebtesten Elektroloks einmal kurz streifen, dann darf keinesfalls die 116 mit Buchli-Antrieb, dem wir weiter oben schon einmal begegnet sind, vergessen werden (Abb. S. 68). Er kommt aus dem Heimatland seines Erfinders, der Schweiz (Reihe Ae 3/6). In gewisser Hinsicht war damals sein Erscheinen im Jahre 1926 bahnbrechend gewesen, lernte man doch aus ihm die große Überlegenheit des Einzelachsantriebes gegenüber dem Stangenantrieb. Die 116 gab Veranlassung zu dem großen Versuchsprogramm der folgenden Jahre, dem wir viele schöne Gattungen verdanken. Mit den Buchli-Maschinen war Ende der zwanziger Jahre ein bemerkenswerter technischer Höchststand erreicht.

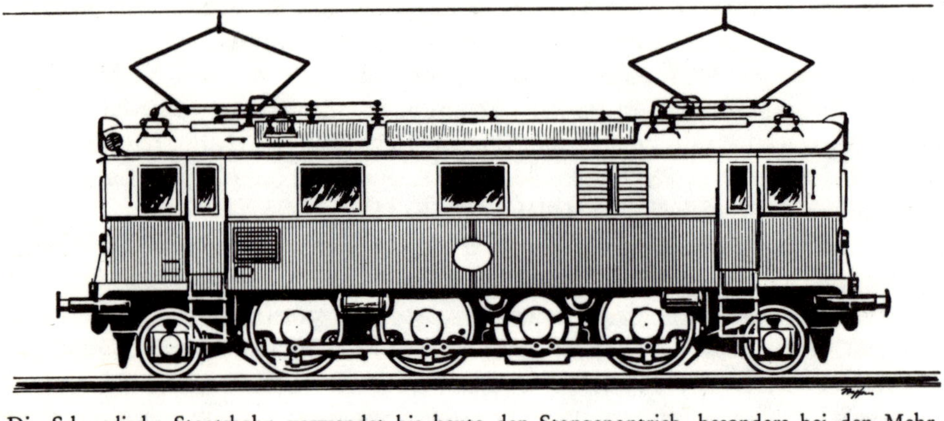

Die Schwedische Staatsbahn verwendet bis heute den Stangenantrieb, besonders bei den Mehrzweckloks der Klase D.

Nun, heute haben sich die Fronten geklärt. Mit Ausnahme von Schweden ist der Stangenantrieb im Neubau verschwunden. Die laufachslosen Maschinen haben in der ganzen Welt das Rennen gemacht. Die Erwähnung des Buchli-Antriebes läßt uns an die vorzüglichen Elektroloks der Schweizerischen Bundesbahnen denken. Dort war man frühzeitig dazu übergegangen, den Dampfbetrieb abzuschaffen, besonders, als im Ersten Weltkrieg ein Mangel an Kohlen eintrat. Strom ließ sich infolge der reichlich vorhandenen Wasserkräfte billig im eigenen Lande erzeugen. 1913 fuhr der erste Zug auf der Lötschbergbahn elektrisch, 1921 auf der Gotthardbahn, und die Erfolge, die man hier erzielte, übertrafen selbst die kühnsten Erwartungen. Während zur Zeit des Dampfbetriebes 320 t schwere Schnellzüge, von den stärksten Dampfmaschinen geführt, mit 30 Kilometer Stundengeschwindigkeit zu Berg krochen, gewaltige Dampfwolken ausstoßend und mit hundertfältigem Widerhall des Auspuffschlages an den Talhängen, brummt heute eine einzige elektrische Lok mit einem 600-t-Zug eine Rampe von 26‰ im 70-km/h-Tempo hinauf. Nirgends ist wohl die Leistungssteigerung so eindrucksvoll sichtbar als gerade auf den Schweizer Bergstrecken. Dadurch, daß die Dampflok die komplette Energieerzeugungsanlage samt Vorräten mit sich herumschleppen muß, wird sie immer im Nachteil sein. Das ist ja der enorme Vorteil der elektrischen Traktion, daß die Energie irgendwo an zentraler Stelle weit von der Strecke entfernt in einem Kraftwerk fabriziert wird. Den Strom, die treibende Kraft erhält sie in einem relativ dünnen Draht zugeführt, und die ganze Lok besteht eigentlich nur aus einem großen Motor, der lediglich aus technischen Gründen in mehreren Einzelteilen untergebracht ist.

Ja, die Elektrolok hat's gut.

In den USA, da brachte der starke Oberbau allerdings andere Leistungen der Dampflok hervor. Nicht auszudenken, wenn unsere Bahnen ebenfalls eine Achslast von 35 t zulassen würden und eine „Big Boy"-Dampflok die Gotthard-Rampe hinaufdonnerte — — — !

Die elektrischen Loks der Schweizerischen Bundesbahnen besitzen eine ganz außergewöhnliche Leistungsfähigkeit. Greifen wir nur drei heraus, weil sie am bekanntesten sein dürften. Die Ae 6/6, eine besonders auf der Gotthardbahn tätige Lok, leistet glattweg ihre 6000 PS stündlich (Abb. S. 90). Dabei ist sie noch ein Waisenknabe gegen die Riesendoppellok Ae 8/14, die mit ihren 12 000 PS mit zu den stärksten elektrischen Loks der Welt gehört.

12 000 PS!

Die Lok ist so stark, daß ihre Leistung gar nicht ausgenutzt werden kann. Es ist daher bei den ersten drei Stück geblieben (Abb. S. 30). Selbst auf den Steilrampen vor den schwersten Zügen wird diese Leistung nicht benötigt. Aber trotzdem:

12 000 PS!

Heiliges Kanonenrohr!

Dagegen verblaßt selbst die berühmte Doppellok der BLS, der Bern-Lötschberg-Simplon-Bahn, die Ae 8/8 mit ihren 8800 PS (Abb. S. 30).

Außerordentlich leistungsfähige Maschinen besitzen aber auch die französischen Eisenbahnen, deren erste elektrische Strecke von 1912 stammt. Die Gleichstromloks Klassen CC 7100 und BB 9200 sind in der ganzen Welt ein Begriff.

Frankreich ist, wie wir bereits hörten, dazu übergegangen, neue Strecken nur noch mit dem 50-Hz-System auszurüsten. Das bedeutet, daß die angrenzenden Bahnen, die Schweizer und die Deutsche Bundesbahn Loks benötigen, die beim Grenzübergang sowohl unter dem einen als auch unter dem anderen Stromsystem fahren können. Eine Reihe Zweifrequenzloks ist daher bereits in Betrieb, bei der DB als Reihe 182. Die Loks wandeln den Wechselstrom in Gleichstrom um, dadurch braucht lediglich der Transformator für $16^2/_3$ und 50 Hz ausgelegt zu werden (Abb. S. 31). Um hier so weit wie möglich unabhängig zu werden, entstand im Jahre 1966 die erste deutsche „Europa-Lok“, die 184, die unter dem Fahrdraht aller europäischen Stromsysteme zu laufen vermag. Künftig kann an der Grenze der lästige Lokomotivwechsel wegfallen; durch den Einsatz der neuen Universal-Lokomotiven werden sich im internationalen Verkehr bedeutsame Rationalisierungsmöglichkeiten ergeben.

Ob Indien, ob Neuseeland, ob Japan, England, Polen, ob Südafrika, Holland, Belgien, Italien und viele andere Länder, überall rollen elektrische Loks modernster Bauart. Und dabei sind die Leistungen allgemein gewaltig. Die Bahnen der Sowjetunion besitzen in ihren Loks der Klasse N-8, die mit Gleichstrom fahren, immerhin 5800-PS-Maschinen, die N-60 für Wechselstrom leistet 5450 PS. Eine Reihe von Krupp, für die Transsibirische Bahn gelieferter Loks der Co'Co'-Bauart weist sogar die sagenhafte 30-min-Zugkraft von 7155 PS auf, eine der größten Einrahmenmaschinen der Welt. Aufsehen haben auch die großen 6300-PS-Maschinen erregt, die Alsthom, Belfort, an China geliefert hat. Das sind alles gewichtige Brocken, und man ist fast geneigt zu sagen, daß heute die ganze Welt von Giganten der Schiene nur so wimmelt.

Aber wenn von elektrischen Loks die Rede ist, dann darf keinesfalls Schweden vergessen werden.

Schweden ist als einziges Land der Welt dem Stangenantrieb treu geblieben. Es herrscht das Bestreben vor, im mechanischen und elektrischen Teil mit wenigen, in der Praxis bewährten Bauelementen auszukommen. Der Stangenantrieb benötigt wenig Motoren und sichert eine gute Ausnützung des Haftwertes zwischen Rad und Schiene, bei den dort üblichen Achslasten von 15 und 17 Mp sehr wichtig. Universallok ist die Gattung Da, eine 1'C 1'-Maschine mit einer Motorenleistung von 2500 PS und 100 km/h Höchstgeschwindigkeit. Zu welchen Leistungen der Stangenantrieb aber fähig ist, das beweisen die großen schwedischen Güterzugmaschinen, die besonders beim Erztransport eingesetzt werden. Die Doppelloks der Reihe Dm, Achsfolge 1'D + D1' leisten bei nur 4 Motoren 5000 PS (Abb. S. 65). Und doch können sie gegen die sechsmotorige dreiteilige 1'D+D+D 1' von 7500 PS nicht an. Ja, das ist schon ein Lokomotivchen, das sich auch vor 'nem ganzen Güterbahnhof voll Wagen nicht fürchtet.

Doch wir sollten nicht nur an die elektrischen Lokomotiven denken. Wir hörten bereits, daß der Elektrotriebwagen seit Großväterzeiten eine bedeutende Rolle spielt. Er tritt überall dort in Aktion, wo aus verkehrstechnischen Gründen der Einsatz von Lokomotivzügen nicht wirtschaftlich ist oder im schnellen Vorortverkehr mit dichter Wagenfolge. Bei der Deutschen Bundesbahn steht an der Spitze der berühmte 430, der im Ruhrgebiet jahrelang die Hauptlast des Verkehrs trug. Dessen Stundenleistung beträgt 4×440 kW, die sich beim Anfahren bekanntlich verdoppelt (Abb. S. 66). Wer sich jetzt noch nicht vorstellen kann, mit welcher Geschwindigkeit diese Fahrzeuge losbrausen, dem sei eine Fahrt mit ihnen dringend empfohlen. Elektro-Triebwagen hat man im Vorortverkehr der Städte als unentbehrlich schätzen gelernt, während der Elektro-Ferntriebwagen immer ein wenig im Schatten seines Diesel-Bruders gestanden hat. Im Vorortverkehr der Großstädte haben sich die 425, 432 und 455 besonders bewährt. Hochburg des Kurzstrecken-Triebwagens sind aber die Gleichstromnetze der Stadtbahnen.

Damit fällt das Stichwort: Berliner S-Bahn.

In mehreren Varianten ist dort der Elektro-Triebwagen aus dem Stadtbild nicht mehr wegzudenken und hat sich seit der 1924 erfolgten Elektrifizierung bestens bewährt. Interessant sind die alten Projekte aus dem Jahre 1913. Damals hatte man vor, normale Wagenzüge mittels sogenannter elektrischer Triebgestelle der Achsfolge B befördern zu lassen (Abb. S. 19). Versuche sind bereits gelaufen, aber nach dem Kriege als überholt zugunsten des Triebwageneinsatzes aufgegeben worden. Die Berliner und Hamburger S-Bahnen verwenden als Stromzuführung eine neben dem Gleis laufende dritte Schiene. Während die Berliner S-Bahn mit 800 Volt - Gleichstrom betrieben wird (Abb. S. 66) hat man bei der Umstellung der Hamburger S-Bahn, die ja ursprünglich mit Wechselstrom lief, im Jahre 1955 1200 Volt gewählt. Diese Stadtbahnwagen sind ausgesprochen auf Massenverkehr eingerichtet. Bei ihnen kommt der Vorteil des Gleichstrommotors, sein großartiges Anzugsvermögen, bestens zur Geltung.

Wie in Berlin und Hamburg laufen Vororttriebwagen auch in den anderen Großstädten der Welt, in Paris, London, in Rom und so weiter. Ähnliche Aufgaben erfüllen die Zweifrequenztriebwagen, die den Städteverkehr zwischen den Niederlanden und Belgien versehen. Diese Triebwagen können sowohl bei 1500 Volt als auch 3000 Volt Spannung mit voller Leistung im Gleichstromnetz fahren (Abb. S. 67). Zu diesem Zweck besitzen sie zwei gleiche Ausrüstungen, die in Reihe oder parallel geschaltet sind. Beim Durchfahren des Trennabschnittes zwischen den beiden Netzen ändert der Triebwagenführer einfach die Schaltungsart durch elektrische Fernbetätigung eines Druckluftschalters.

Einfacher geht's wirklich nicht.

Dabei fahren auch die Triebwagen heutigen Tages Regelgeschwindigkeiten von 120 km/h in der Stunde. — — —

*

Giganten der Schiene heißt dieses Buch.

Wahrlich, es sind Giganten, diese Elektroloks, diese PS-Kästen, denen man äußerlich die Leistung in keiner Weise ansieht. Ob sie den Mistral Zug von 710 t Gewicht mit 150 Kilometer Geschwindigkeit in der Stunde befördern, ob sie vor 3500-t-Erzzügen zähneknirschend durch die winterliche Polarlandschaft ächzen, sie sind immer etwas Eigentümliches, Erstaunliches. Vielleicht ist ihre Lautlosigkeit am erstaunlichsten. Die Dampflok lebt, sie atmet, stöhnt, zischt, siedet, pocht die elektrische Maschine ist von unheimlichem Schweigen umgeben. Man weiß nie, ist sie in Betrieb, ist sie es nicht, wird sie jetzt fahren, wird sie noch Stunden in Schweigen gehüllt stehenbleiben? Und selbst wenn sie zu leben beginnt, wenn jenes eigenartig knallende Geräusch ertönt, das durch Bedienen der Schaltschütze entsteht, dann umgibt sie immer noch etwas Bedrückendes, etwas bedrükkend Unheimliches.

Es wird uns deshalb schwer, zu diesen Giganten ein ähnlich herzliches Verhältnis wie zu den Dampfmaschinen zu finden.

Sie sind zu sachlich, zu gepflegt, zu — modern.

Sie sind zu sehr vom Nimbus der Automation umgeben. Man wundert sich, daß da auf dem Führerstand noch ein lebendiger Mensch sitzt. Man begreift schwer, daß diese Maschinen noch nicht ferngesteuert werden.

Diese schweigende Anhäufung von Pferdestärken wäre wie kein anderes Fahrzeug dafür geschaffen.

Die Zeit wird kommen, wo auch diese Gedanken Wirklichkeit werden.

Auch die Lokführer sind anders. Sie sind eigentlich keine Lok-Führer mehr, die die stählernen Zügel ihres Pferdes fest in der Hand halten, die mit ölverschmierter Hand am Steuerrad den Atem ihrer Maschine belauschen, auf den Auspuffschlag horchen.

Nein, sie sind Schalttechniker geworden. Sie lieben wohl ihren Beruf, sie lieben ihre Pflicht, sie sind stolz auf das Vertrauen, das man in sie setzt.

Aber ihre Lok?

Tempora mutantur — — —

Doch wir wollen über der Betrachtung der Giganten nicht die kleinen Brüder vergessen, die — Stillen im Lande. Wie oft werden sie übersehen.

Das sind die Akkumulatorenfahrzeuge, die Speichertriebwagen. Sie schleppen ihre Stromquelle in Gestalt von gewichtigen Batteriekästen mit sich herum, sind zwar freizügig verwendbar, müssen nur täglich wieder in ihren Stall zum Aufladen zurückkehren.

Die Speicherwagen, auf Veranlassung von Gustav Wittfeld ins Leben gerufen (Abb. S. 20), haben viel Segen gestiftet, sie haben manche Nebenstrecke vor dem Erliegen bewahrt. Sie haben manche Zugverbindung am Leben gehalten, die sonst wegen Unrentabilität aufgegeben worden wäre.

Wer kennt noch den guten alten Speicherwagen, den ETA 177, bei dem man sich immer gewundert hat, warum er überhaupt Federn besaß? Gespürt hat man sie nie. Wer kennt noch sein unmelodisches Signalhorn — was sage ich — seine entsetzlich jaulende Tute, die so klang, als habe man einem Löwen, einem Truthahn und drei jungen Schweinen gleichzeitig auf die Schwänze getreten. Wie müßte der geistige Vater dieses Musikinstrumentes so bitterlich weinen ob seiner Erfindung. Wer kennt noch jenen unvergeßlichen Schauder, der den armen Reisenden packte, wenn er im stillen Ferienort abends müde von des Tages Müh in seinem Pfühle lag und der Schlummer sich sacht auf ihn herabsenken wollte, wenn dann aber von fern jenes mißtönende Gekreisch den Schläfer hochschrecken ließ, näher und näher kam, sich über ein gutes Dutzend unbeschrankter Bahnübergänge hinüberheulte und erst nach unendlich langen Minuten langsam in der Ferne schwächer und schwächer wurde — — —

Da soll es Menschen geben, die trotzdem — oder gerade deswegen — die Eisenbahn lieben.

Was sind das für merkwürdige Käuze, für wunderliche Sonderlinge.

Deshalb sei dieses Kapitel, das der Technik des elektrischen Stromes, das seiner gigantischen Entwicklung gewidmet war, mit dem Gedenken an den alten Wittfeldschen Speicherwagen, der als Reihe 515 eine moderne Auferstehung feierte, geschlossen.

Weltrekord

Solange es Eisenbahnen gibt, beschäftigt Ingenieure und Verkehrsexperten die Frage: Wie schnell kann ein Eisenbahnzug fahren? Mit welchen Geschwindigkeiten kann zukünftig der Eisenbahnbetrieb durchgeführt werden? Nun, die gleichen Fragen sind bekanntlich beim Straßenverkehr aufgetaucht. Amerikanische Rekord-Rennwagen haben inzwischen die 1000-km/h Grenze überschritten. Aus derartigen Versuchen konnten bisher wertvolle Einzelerkenntnisse auch für die Konstruktion von Gebrauchsfahrzeugen gewonnen werden.

Bei der Eisenbahn ist das auch nicht anders. Es geht allein darum, das Verhalten von Triebfahrzeugen bei hohen Geschwindigkeiten zu erforschen, ihre Laufruhe, ihre Wirkung auf das Gleis, den Einfluß des Luftwiderstandes und dergleichen mehr. Nein, meist wird übersehen, daß auch die Reisezugwagen, insbesonders für schnellfahrende D-Züge, bei hohen Geschwindigkeiten „getestet" werden müssen. Denn von ihren guten Fahreigenschaften hängen Sicherheit und Leben der Fahrgäste in erheblichem Maße ab.

So zieht sich also wie ein roter Faden durch die Entwicklung des Schienenverkehrs der immer von neuem wiederholte Versuch, große Geschwindigkeiten zu erreichen. Große Geschwindigkeit erfordert eine große Leistung der Maschine. So sind es auch immer Spitzenkonstruktionen gewesen, die hier mit außergewöhnlichen Leistungen aufgewartet haben. Wir hörten schon mehrfach, daß es mit Dampfloks gelungen ist, die 200-km/h-Grenze zu überschreiten. Fast alle größeren Bahnen der Welt besitzen oder besaßen Dampfloks, zumindest für ihre Versuchsinstitute, die Regelgeschwindigkeiten von 160 bis 180 km/h zu fahren imstande sind. Bei den deutschen Eisenbahnen waren zu diesem Zweck die schnellfahrenden Loks der Baureihen 18^2 und 18^3 vorhanden.

Mit Triebwagen ist man noch weiter in das Gebiet hoher Geschwindigkeiten vorgestoßen. So hat schon vor 30 Jahren der Kruckenbergsche Schienenzeppelin 230 km/h erreicht (Abb. S. 133). Daß die elektrischen Loks an Leistung hier nicht nachstehen, ist ebenfalls bekannt, wenn auch für sie bisher in Deutschland nicht die Möglichkeit bestand, das Leistungsvermögen hinsichtlich der Geschwindigkeit voll auszunützen. Was hilft die schnellste Lok, wenn keine Strecke vorhanden ist, wo sie ihr Können beweisen kann?

Dieser ganze Fragenkomplex gewann nach dem Zweiten Weltkrieg im Rahmen des sogenannten Strukturwandels der Zugförderung erhöhte Bedeutung. Es waren die französischen Eisenbahnen, die nach 1945 am ehesten die Folgen des Krieges überwunden hatten und einen gewaltigen Vorstoß in Neuland unternahmen.

Frankreich hatte sich mit seiner Elektrifizierung zunächst dem Gleichstrom verschrieben, der von manchen Bahnverwaltungen wegen seiner teuren Anlagen für Fernbahnen abgelehnt wird. Es liegt auf der Hand, daß Frankreich an Versuchen auf diesem Gebiet interessiert war, besonders da die Absicht bestand, weitere Strecken zu elektrifizieren. Zudem war die Frage brennend geworden, wie sich laufachslose Maschinen bei hohen Geschwindigkeiten verhalten. Denn alle früheren Versuche sind von Loks mit führenden Laufachsdrehgestellen, meist von der Bauart Krauss-Helmholtz, durchgeführt worden. Seit den dreißiger Jahren war das Maschinen-Drehgestell auch bei Schnellzugloks zum Kraftträger geworden. Würde es selbst extremsten Anforderungen gewachsen sein?

Schließlich sind gelungene Schnellfahrversuche für die Industrie des betreffenden Landes von nicht zu unterschätzender Werbewirksamkeit.

Frankreich hatte im Jahre 1952 die Co'Co'-Loks der Klasse 7100 in Dienst gestellt, eine außerordentlich leistungsfähige Bauart, die in der Lage ist, Züge von 1000 t Gewicht mit 160 km/h auf gerader Strecke zu befördern. Die Maschinen besitzen sechs sechspolige Fahrmotoren, die mit einer Kompensationswicklung versehen sind. Sie waren besonders für die Beförderung schwerer Schnellzüge auf der Strecke Paris — Lyon gedacht, einer der Lebensadern Frankreichs.

Nun, bei einem Versuch im Jahre 1954 mit einer normalen Serienmaschine hatte man anstandslos 243 km/h erreicht und dabei festgestellt, daß die Geschwindigkeitsgrenze der Lok noch nicht erreicht war. Diese müsse vielmehr bei 320 km/h liegen. Es wurde daher beschlossen, weitere Versuche anzustellen und die neuerbaute Versuchsmaschine Nr. 9004, eine Bo'Bo'-Type, deren Inbetriebnahme außergewöhnlich erfolgreich verlaufen war, in diese Versuche gleich mit einzubeziehen. Die Durchführung der Fahrten und ihre Ergebnisse sind sehr interessant, sie zeigen aber auch, mit welcher Sorgfalt und Gewissenhaftigkeit die französischen Eisenbahner dem Problem zu Leibe rückten.

Man griff die Maschine Nr. 7107 heraus, die eben von der Generalüberholung zurückkam, nachdem sie bereits 448 000 km zurückgelegt hatte, ferner die Bo'Bo'-Lok 9004, sie war bei 118 000 km angelangt. Bei beiden Loks wurde zunächst das Übersetzungsverhältnis der Antriebszahnräder geändert. Das der 7107 betrug jetzt nach Einbau eines Vorgeleges 1,145 statt normal 2,606, das der 9004 0,849 statt 2,517. Hier erreichte man den gewünschten Wert durch Änderung des Verhältnisses Ritzel—Zahnrad.

Doch damit war es nicht getan. Wir machen uns kaum einen Begriff, was es

Schnellzug Amsterdam—München, geführt von 118 der DB, überquert die Mittelgebirgsschwelle.

Schwedische 5000-PS-Lok der Klasse Dm vor Erzzug am Bahnhof Riksgränsen bei Narvik

Waren das Zeiten! Die Berliner S-Bahn im Jahre 1937, aufgenommen von der Halenseebrücke. Im Hintergrund der Funkturm und davor der „Fliegende Kölner“, einer jener schon sagenhaften ersten Fernschnelltriebwagen

Städteschnellverkehr! Elektrotriebwagen 430 der DB

Einer der schnittigen Elektrotriebwagen der Niederländischen Staatsbahn

Nächtliche Fahrt einer BB 12 000 der SNCF auf der Strecke Lille—Basel

Sie ist schon 45 Jahre alt, die 116 mit Buchli-Antrieb, man sieht es ihr nicht an.

Und hier die modernste deutsche-E-Lok, die 103 vor dem TEE 56 „Blauer Enzian“ bei Haspelmoor im 200-km/h-Tempo

bei einem derartigen Versuch alles zu bedenken gilt, wenn er zum gewünschten Erfolg führen soll. Da mußte zum Beispiel beachtet werden, daß die auf die Radsterne aufgepreßten Radreifen bei diesen ungeheuren Drehzahlen heiß werden, springen oder sonstwie beschädigt werden könnten. Die beiden Loks und die Wagen der Versuchszüge wurden daher mit Vollscheibenrädern ausgerüstet. Auch hier gleich wieder zwei Versuche: Die Räder der 9004 wurden aus einem geschmiedeten Rohling gedreht, die der 7107 wurden gewalzt. Schließlich mußten alle Radsätze auch noch ausbalanciert werden, denn eine noch so geringe Gewichtsverschiebung kann böse Folgen nach sich ziehen.

Ein weiteres Problem bildete die Überwindung des bei hohen Geschwindigkeiten äußerst starken Luftwiderstandes. Die Loks und die 6 Versuchswagen (2 Züge zu je drei Wagen) mußten also noch windschnittig hergerichtet werden. Dazu waren erst einmal eingehende Versuche mit Modellen im lufttechnischen Institut von St. Cyr notwendig, um die strömungstechnisch günstigste Form herauszubekommen. Bei den Wagen wurden Lüfter, Trittbretter und Einsteiggriffe entfernt, die Zwischenräume zwischen den Fahrzeugen wurden durch Faltenbälge vollständig geschlossen. Der Schlußwagen erhielt einen Anbau zum Ableiten des Sogs. Als Folge dieser Maßnahmen konnte der Luftwiderstand um 20% verringert werden.

Loks und Wagen erhielten neuartige Bremsklötze, die imstande waren, große Wärmemengen abzuleiten.

Das größte Problem bildete jedoch die Abnahme und Ableitung der für die Leistung erforderlichen großen Strommenge. Hier stand man zunächst vor fast unlösbar erscheinenden Schwierigkeiten.

Für die Versuche hatte man die im Jahre 1927 elektrifizierte Strecke Bordeaux — Hendaye ausgewählt, die im Abschnitt Lamothe — Morcenx eine gerade Strecke von 47 km Länge aufweist, die nur von einer einzigen Kurve mit 3100 m Halbmesser unterbrochen wird. Die Fahrleitung besteht dort aus einem einzigen nichtkompensierten Fahrdraht, der sich jedoch bei dem gegebenen Mastabstand von 90 m bei heißem Wetter beträchtlich ausdehnt und entsprechend durchhängt. Gleichstromfahrleitungen weisen infolge ihres großen Leitungsquerschnittes ein erhebliches Gewicht auf.

Was tun?

Gab es einen Stromabnehmer, der unter derartigen Bedingungen in der Lage war, die bei 300 km/h mutmaßlich erforderliche Stromstärke von 4000 A abzunehmen? Wobei der Versuch bei möglichst niedriger Temperatur unternommen werden mußte, damit die Fahrleitung so wenig wie möglich durchhing.

Die Ingenieure der französischen Eisenbahnen konnten sich über einen Mangel an Problemen wirklich nicht beklagen. Die Verwendung von zwei Stromabnehmern hatte sich als unmöglich erwiesen, also mußte man darangehen, einen völlig neuen zu konstruieren.

Kostbare Zeit verstrich, ehe man wieder soweit war. Das neue Baumuster wurde auf Herz und Nieren getestet. Darunter ist wiederum eine Versuchsfahrt interessant, die man unternahm um festzustellen, ob der neue Abnehmer die erforderliche Stromstärke übertragen konnte. Man stellte einen 626 t schweren Zug zusammen, kuppelte zwei Loks der Baureihe 7100 davor und ließ beide Maschinen nur durch den einen neuen Stromabnehmer speisen.

Die Ingenieure griffen in die Schalträder, mit vollem Strom jagte der tolle Expreßzug über die Strecke. Bei 210 km/h ging den Loks die Puste aus, der Stromabnehmer aber funktionierte glänzend.

Damit war auch diese Klippe glücklich umschifft.

Halt! War sie es wirklich? Genügte das? Jetzt wußte man, daß der Stromabnehmer bei 210 km/h 4000 Ampere abnehmen konnte. Würde er das aber auch bei 320 tun?

Eine große Unbekannte mehr.

Gottlob brauchte wenigstens am Gleis wenig geändert zu werden. Bettung und Schienen waren in gutem Zustande. Sicherheitshalber ließ man Anfang des Jahres die Gleisstöße etwas nachstopfen und die Ausrichtung des Gleises noch einmal überprüfen.

Auch die Stromversorgung der Strecke mußte für die Fahrten verstärkt werden, denn zu jeder Zeit mußte an jedem Punkt der Strecke mit Abnahme einer Höchststrommenge gerechnet werden.

Schließlich durfte die Stromableitung nicht vergessen werden. Bei früheren Versuchen hatte sich gezeigt, daß bei hohen Geschwindigkeiten Lichtbögen zwischen Rad und Schiene auftraten. Man versah zusätzlich die beiden ersten Wagen mit einer Vorrichtung zur Ableitung eines Teils des aufgenommenen Stromes.

Tja, dann konnte es ja losgehen!

Am 17. März des Jahres 1955 traten die Männer der Division des Études de Traction électrique de la SNCF im Bahnhof Facture, dem Hauptquartier des Unternehmens, an. Zunächst handelte es sich darum, die Strecke zu erkunden, Erfahrungen zu sammeln und auch die letzten Unsicherheiten auszuschalten. Man hatte eine Normallok mitgebracht, die 7113, um die „Rennpferde“ nicht für diese Routinefahrten einsetzen zu müssen. Sie kamen erst später dran.

Wenn nur dieser verwünschte Fahrdraht nicht gewesen wäre. Zu allem Unglück lachte die Sonne in wunderbarster Frühlingslaune. Am 25. März stieg die Tagestemperatur auf 28° C.

So ein ausgesprochenes Pech.

„Wie 'ne Girlande hängt der Draht. Fehlen bloß noch 'n paar Blümekens dran!“ meinte ein Zyniker unter den Eisenbahnmännern.

Das versprach heiter zu werden. Ende März schon solche Temperaturen! Die Versuche, mit einem ungeheuren Kostenaufwand inszeniert, ließen sich aber nicht einfach verschieben. Der 27. März kam heran. Die Morgenfrühe brachte Abkühlung. Sollte man noch einen Versuch starten? Wer weiß, was das Wetter die nächsten Tage bringen würde.

Die BB 9004 ging mit ihren drei Wagen auf die Reise. Mit rasender Fahrt brauste sie über die Strecke.

Im Jahre 1954 errangen zwei französische Elektroloks mit 331 km/h den Schienenweltrekord.

Nein, es ging nicht. 276 km/h zeigte der Tachograph. Dann war Schluß. Enttäuschung überall. Alles hatte sich gegen die Eisenbahner verschworen. Stündlich wurde der Wetterbericht eingeholt. Fieberhafte Spannung lag über dem Unternehmen. Wann? Immer die gleiche Frage: Wann war es soweit?

Endlich hatte Petrus ein Einsehen und kündigte für die nächsten Tage die ersehnte Abkühlung an.

Für den folgenden Tag, den 28. März, wurde zum Großangriff geblasen.

Am frühen Morgen traten Hunderte von Helfern, Eisenbahnern, Gendarmen an, bewaffnet mit Fahnen, Winkerkellen, Pfeifen, Tutehörnern. Sämtliche Schranken gingen entlang der Strecke herunter. Alle Wegübergänge wurden bewacht, die Bahnhöfe geräumt. In den Dörfern zogen Wachmänner auf. Feuerwehren und Krankenwagen wurden postiert, der Autoverkehr kilometerweit umgeleitet, der gesamte Zugverkehr eingestellt. Auf Gleis I der Strecke, das man nach langer Prüfung aller Bedingungen ausgewählt hatte, trat die CC 7107 mit ihren drei Wagen an.

Stunden vergingen, der Vormittag verrann. Wann ging es los? Endlose Telefongespräche von einem Ende zum andern. Menschen, Neugierige stauten sich. Wann war es soweit? Sollte heute ein einmaliges Schauspiel in der Geschichte des Verkehrswesens ablaufen? Oder wurde abermals abgepfiffen?

Endlich, endlich, um 13.25 Uhr gab der leitende Ingenieur im Bahnhof Facture das Abfahrtszeichen.

„Temperatur + 12° C, Windgeschwindigkeit 15 Knoten, Westsüdwestwind!" schrieb der federführende Beamte in das Kontrollbuch.

Mit schrillem Pfeifen und markerschütterndem Heulen raste die CC 7107 über die Strecke, einer Rakete gleich, mit einer nie zuvor auf dem Schienenweg erlebten Geschwindigkeit.

Zwischen Kilometerstein 67 und 68 kroch die Nadel des Fahrtschreibers auf 331 km/h.

Da, ein Blitz, ein Knall — alle Zeiger der Meßinstrumente sprangen auf Null. Der Bügel des Stromabnehmers war geschmolzen und zerbrochen. Langsam rollte der Zug aus.

Weltrekord!

Glückstrahlende Männer beglückwünschten sich. Presseleute eilten an die Fernsprecher, Telegramme jagten um die Welt. Es war geschafft. Erstmalig in der Geschichte der Eisenbahn hatte ein Schienenfahrzeug die 300-km/h-Grenze, bis dato für unüberschreitbar gehalten, durchbrochen.

Unmittelbar nach der Fahrt eilten die Techniker auf das Gleis.

Keinerlei Beschädigungen, einwandfreie Stabilität, alles in bester Ordnung. Erreichte Geschwindigkeit 331 km/h, am Abnehmer gemessene Höchststromstärke 8200 kW", schrieb der Protokollführer in sein Buch. „Gewicht des Zuges 103,5 t."

Das Wetter nahm weiter einen günstigen Verlauf. Für den folgenden Tag wurde der nächste Versuch angesetzt. Die Fahrt mit der BB 9004.

Am 29. März 1955. früh 7.35 Uhr, trat die vierachsige Lok mit ihrem Zug die Fahrt an. Wiederum war die Strecke abgesperrt, wiederum war das ganze Riesenaufgebot ausgezogen, um noch einmal die Fahrt eines Giganten der Schiene zu sichern.

Diesmal sollte es nicht ohne Zwischenfall abgehen.

Die Bedingungen waren noch günstiger. Temperatur + 5° C, Nordnordostwind, Geschwindigkeit 4 Knoten.

Die Nerven der Männer auf dem Führerstand sind auf das höchste angespannt. Wer kann ermessen, was es heißt, auf einer Lok zu stehen, die mit nie dagewesener Geschwindigkeit über das Gleis braust? Was kann die nächste Minute bringen? An wieviel Zufälligkeiten kann ein derartiger Versuch scheitern? Es ist eine Fahrt auf Biegen und Brechen.

Bei 290 km/h wieder ein Blitz, eine leichte Erschütterung! Der Bügel des hinteren Stromabnehmers ist geschmolzen. Blitzschnelles Reagieren der Männer! Sofort zischt der vordere Abnehmer hoch. Furchtbar geht das Aufheulen durch die Lok, sie zieht wieder an, aber wertvolle Sekunden sind verlorengegangen. Der Leistungsmesser klettert beängstigend in die Höhe.

Bei km 71,7 steht er auf 9400 kW! Die Nadel des Tachometers zeigt 331 km/h. Die Geschwindigkeit des Vortages ist abermals erreicht.

Als der den Fahrschalter betätigende Ingenieur den Strom ausschaltet, gerät die Lok plötzlich in starke Querschwingungen.

Die Männer halten den Atem an. Eine Überraschung, eine höchst gefährliche sogar.

Doch nach Sekunden beruhigt sie sich wieder und rollt langsam aus.

Auch dieser Versuch ist, wenn auch mit Hindernissen, gelungen. Die Männer der BB 9004 atmen auf. Sie wissen, was sie hinter sich haben. Sie wissen aber auch, daß ihnen ein außerordentlicher Beweis gelungen ist: Daß die Leistung der sechsmotorigen sechsachsigen Lok auch mit einer vierachsigen viermotorigen Lok erreicht werden konnte.

Bei der Kontrolle der Schienen stellt sich aber heraus, daß die nach Ausschalten des Fahrstromes aufgetretenen Querschwingungen das Gleis auf eine Länge von 500 m leicht verformt haben. Die Stabilität der Maschine war nach Überschreiten der 330 km/h nicht mehr ausreichend.

Jene denkwürdigen Tage sind nun schon Geschichte geworden. Sie haben aber wesentliche Erkenntnisse für das Eisenbahnwesen der ganzen Welt gebracht:

Der Geschwindigkeitsbereich über 300 km/h ist endgültig für die Vollbahnlokomotive erobert worden, und zwar gleich mit Loks verschiedener Baumuster.

Die Versuche haben bewiesen, in welch hohem Umfang das derzeitige Material widerstandsfähig ist und in welch hohem Umfang Maschinen, die nur für Geschwindigkeiten von etwa 200 km/h gebaut wurden, überlastbar sind.

Die Versuche haben schließlich französischem Ingenieurgeist, den französischen Eisenbahnern und der französischen Industrie das schönste Zeugnis ausgestellt, das man sich denken kann.

Freie Fahrt für R 1 — Le Mistral

Sein Name ist Begriff von Marseille bis Dijon, von Arles bis Besançon, man schließt bereits beim Klang des Wortes fröstelnd die Knöpfe seines Mantels, den Mistral heißt jener kalte Fallwind, der von den Gipfeln der Westalpen herab in das Rhônetal bläst.

Von diesem Mistral her hat der Fernschnellzug Nr. 1, der Rapide 1 der Französischen Staatsbahn, seinen Namen. Auch er braust wie der Sturmwind von Paris über Dijon, Lyon, Marseille nach Nizza, verbindet die Hauptstadt mit der Côte d'Azur, den regnerischen Norden mit dem sonnigen Süden. Dabei bringt er die 1088 km seines Weges in 10½ Stunden hinter sich und erzielt auf dem Abschnitt Paris — Lyon, das sind 512 km, eine Reisegeschwindigkeit von 128 km in der Stunde. Auf der Rückfahrt Nizza — Paris führt der Mistral die Bezeichnung Rapide 2.

„Le Mistral" war vor einigen Jahren, als wir nachstehend erzählte Fahrt erlebten, der schnellste Zug der Welt.

Es war ein außergewöhnlicher Glücksfall, der mir eine Fahrt auf dem Führerstand der Lokomotive des Mistral vermittelte. Ist es an sich schon nicht leicht, auf die Lokomotive eines Zuges zu gelangen — und keine Bahnverwaltung zeigt sich in der Erteilung der Genehmigung besonders freigebig — so rechnete ich es mir zur besonderen Ehre an, die Lok eines derart hochqualifizierten Zuges zu besteigen und ganz und gar 300 km darauf mitzufahren, von Paris bis Dijon.

Man kann sich gut die Spannung vorstellen, in welcher ich mich befand, als ich in Station Gare de Lyon die Métro, die Pariser Untergrundbahn, verließ und vor dem ehrwürdigen Gebäude des Lyoner Bahnhofs stand. Er ist Kopfbahnhof aller Fernzüge des Netzes Süd-Ost der SNCF, der Société Nationale des Chemins de Fer, wie die offizielle Bezeichnung der französischen Eisenbahn lautet.

Ja, damit sollte nun das Abenteuer — fast möchte ich es so nennen — seinen Lauf nehmen. Nun bin ich schon oft auf Lokomotiven gefahren, das bringt einmal der Beruf mit sich. Aber bei einer fremden Bahnverwaltung ist das so eine Sache. Das fängt bereits bei der Sprache an. Was heißt Führerstand auf französisch? Ja, wenn man doch nur in der Schule solch praktische Worte gelernt hätte, dafür aber etwas weniger von Ariovist und den alten Galliern. Was heißt Lokführer? Was heißt mitfahren?

Es waren höchst gemischte Gefühle, mit denen ich den Bahnsteig betrat.

Der Zug stand schon auf seinem Gleis. Ich schritt die lange Wagenreihe entlang. Wer vermutet, daß der Mistral ein leichter Triebwagenzug sei, der hat sich arg getäuscht. Mit Zunahme der Länge des Zuges wuchs auch mein Respekt vor der französischen Eisenbahn, die es fertigbringt, 16 Wagen einschließlich Pack- und Speisewagen mit solch unerhörter Geschwindigkeit zu befördern. Wie ich später erfuhr, betrug das Zuggewicht des Mistral an jenem Tage 736 Tonnen!

Weit draußen, außerhalb der Halle, stand die Lok. Donnerwetter, die BB 9232! Einer jener Giganten, die zu den stärksten der ganzen Welt gehören. Die

Klasse 9200, 1957 erstmals gebaut, entwickelt 5200 PS bei nur 82 Mp Dienstlast. Ihre Höchstgeschwindigkeit beträgt 160 km/h. Die Baureihe ist aus der bekannten Rekordlok 9004 hervorgegangen. Da versprach die heutige Fahrt ein erlesener Genuß zu werden.

Die Tür zum vorderen Führerstand war geöffnet, der Lokführer lehnte heraus. Unsere Blicke begegneten sich, er blickte mich an, ich ihn. Er spürte sichtlich, daß ich etwas von ihm wollte. Jetzt war der große Augenblick gekommen, wo ich etwas sagen mußte. Ich holte tief Luft:

Bonjour, Monsieur, j'ai obtenu la permission d'aller en — — —", da hakte es aus. Himmel, was heißt Führerstand auf französisch? Hätte ich doch nur einmal ins Wörterbuch geschaut. In meiner Hilflosigkeit nahm ich Zuflucht zum uralten Verständigungsmittel der Zeichensprache. Ich deutete auf den Führerstand und wedelte mit meinem schriftlichen Genehmigungsbescheid hin und her.

Da ging ein gemütliches Grinsen über das Gesicht des Lokführers.

„Guten Tag, hab' ich mir's doch gedacht, daß Sie mitfahren wollen. Na, da steigen Sie nur ein!"

Beinahe wäre ich umgefallen. Der sprach ja deutsch! Hier in Paris ein deutscher Lokführer?

Dann ergab sich des Rätsels Lösung. Monsieur Schmitt war Elsässser und sprach das Deutsch genauso perfekt wie seine Landessprache. Nun, Glück muß der Mensch haben. Nichts ist unangenehmer, als wenn man als Gast auf einer Lok in einem fremden Land mitfährt und sich mit dem Lokpersonal nicht in gewohnter Weise unterhalten kann.

Lokführer Schmitt war ein freundlicher Mann. Er stellte mich seinem Kollegen vor, Monsieur Didier, einem Pariser von echt französischer Liebenswürdigkeit. Die Lok des Mistral ist mit zwei Lokführern besetzt, von denen jeweils einer fährt, während der andere sozusagen als Beimann im Führerstand sitzt.

Die Zeit rückte voran, der Zeiger der Bahnhofsuhr sprang auf 13.00 Uhr, in zehn Minuten war Abfahrt. Ich kletterte auf den Führerstand, der bei den BB 9200 fast wie eine Flugzeugkanzel aussieht, denn die Fenster laufen rundum, so daß man einen ausgezeichneten Ausblick hat. Die Strecke Paris — Lyon gehört zum französischen 1500-Volt-Gleichstromnetz.

Während die letzten Fahrgäste den Zug bestiegen, es sich in den komfortablen 1. Klasse-Wagen bequem machten, warf ich einen Blick auf den Fahrplan. Abfahrt in Paris war 13.10 Uhr, Ankunft in Dijon 15.32. Für die 315 km lange Strecke standen also 142 Minuten Fahrzeit zur Verfügung. Das bedeutete, daß mit einer Reisegeschwindigkeit von 133 km/h gefahren werden mußte, und das über die ganze Strecke hinweg, denn der Zug hielt zwischen Paris und Dijon nicht.

Ich glaube, der Laie macht sich eine höchst unklare Vorstellung davon, was es heißt, einen 736 t schweren Zug mit einer derartig phantastischen Durchschnittsgeschwindigkeit zu befördern. Schnellster deutscher Zug war lange Zeit der F 46, „Schauinsland", der die Strecke Frankfurt — Basel mit einer Reisegeschwindigkeit von 105,3 km/h zurücklegte. Und das ist schon eine erstklassige Leistung. Aber was der Mistral zu bieten hatte, das schraubte meine Erwartungen zu höchster Spannung.

Die Umstände waren aber auch danach angetan; der Lautsprecher rief, der Aufsichtsbeamte kam den Zug entlang zur Lokomotive. Lokführer Didier hatte Platz genommen, sein Kollege Schmitt, der auf dem ersten Teil der Strecke den Fahrschalter bedienen sollte, hatte die Lüfter eingeschaltet, deren Heulen eine weitere Steigerung des Erwartens bedeutete. Alles stand sprungbereit, die Signale zeigten grünes Licht, freie Fahrt für Rapide 1, Le Mistral.

Leider schien das Wetter uns recht übel gesonnen. Ausgerechnet heute ging ein Nieselregen nieder, der die Sicht auf die Strecke erheblich behinderte. War das nicht wie verhext?

Da, 13.10 Uhr! Ein schriller Pfiff, der Aufsichtsbeamte hob den Befehlsstab, das Abfahrtszeichen! Noch halb aus dem Fenster schauend, griff Lokführer Schmitt zum Fahrschalter, die erste, zweite, dritte Schaltstufe rasteten ein, die vierte, fünfte folgten, ein Zittern lief durch den schweren Körper der Maschine, ein tiefes Brummen tönte von irgendwoher auf, das Zittern nahm zu, man spürte förmlich die Last der 16 Luxuswagen, die am Zughaken der BB 9232 hingen und deren Masse in Bewegung gesetzt werden mußte.

Wir fuhren!

Schmitt schloß das Fenster, ließ sich in seinen Sessel fallen. Wieder ein Griff zum Schalter, die Tachometernadel kletterte — zwanzig — dreißig km/h. Wir polterten über Weichen, der Bahnhof entschwand zusehends. Masten, abgestellte Züge, einzelne Gebäude zogen an uns vorbei, wir steuerten durch die verwirrende Vielfalt der Signale hindurch. Wir polterten über die Brücke, die über die Rue de Dijon führt. Unten konnte man die Leute mit aufgespannten Regenschirmen gehen sehen. Die Scheibenwischer summten, aber der Regen war nicht so stark, daß die Fenster vollständig mit Wasser bedeckt gewesen wären.

Ja, und dann lernte ich zum ersten Male das Geheimnis französischer Zugförderung kennen, dann geschah das, was mich auf dieser Fahrt noch so oft in Erstaunen versetzen sollte. Kaum war die BB 9232 über die Brücke gepoltert, da griff der Lokführer wieder zur Schaltkurbel, die Stufen knackten, mit der freien Hand betätigte er den Sandstreuer und ich sah, wie sein Blick aufmerksam die Zugkraftmesser der vier Motoren beobachtete. Ein großes Aufheulen ging durch die Maschine, eine unsichtbare Kraft drückte mich nach rückwärts, ich mußte mich am Sessel des Lokführers festhalten. Dann kletterte der Zeiger des Geschwindigkeitsmessers unaufhaltsam — fünfzig — sechzig — siebzig — achtzig — neunzig — hundert — hundertzehn — hier pendelte er sich ein. Ich konnte mich eines laut ausgerufenen „Donnerwetter!" nicht enthalten. Monsieur Schmitt lachte und drehte sich nach mir um.

Rechte Seite: Schnellzug der Deutschen Bundesbahn, geführt von Lok der Baureihe 110, am Block Kammereck, Strecke Koblenz—Mainz

E10 178

Mit diesen Diesel-Triebzügen wurde der TEE-Betrieb aufgenommen.
Oben die deutsche, unten die Schweizer Ausführung.

Rechte Seite: Diesel-Schnelltriebwagen der DB, Bauart 608, bei Frankfurt a. M.

Ellok E 10 auf Nachtfahrt

„Gelt' bei uns geht's ein bissel flinker als in Deutschland?"

Wir fahren — eigentlich bin ich versucht, das Wort rasen zu gebrauchen, aber dann fehlt mir die Steigerung für das, was später noch kommen sollte — also wir fahren mit 110 km/h durch die Pariser Außenbezirke. In sanftem Bogen geht es durch Charenton, und ich ahne das Bois de Vincennes zu unserer Linken. Die Bahntrasse nähert sich der Seine, die Bebauung wird allmählich aufgelockerter, die Riesenstadt verzettelt sich in Häusergruppen, Gärten, Lagerplätze, Felder. Ein leichter Dunst liegt als Folge des Regens über der Niederung. Maisons Alfort heißt der nächste Vorortbahnhof, durch den wir brausen. Schmitt schaltet plötzlich auf Null und zieht das Führerbremsventil. Die Bremsklötze kreischen laut auf. Was ist los?

Ach, nur die Laufbremsprobe, wie sie in Frankreich für jeden Zug an bestimmter Stelle vorgeschrieben ist. Nun, es ist alles in Ordnung. Bremsen lösen, hochschalten — nach kurzer Zeit steht die Nadel des Tachometers auf 119 km/h, wie ich mich durch einen Blick überzeugen kann. Wir verlassen das Pariser Weichbild, die banlieue, die Seineniederung tut sich vor uns auf. Der Regen läßt etwas nach. Sollte mir der Himmel doch noch hold sein?

Nun wachsen zahllose Gleise zur Rechten unserer Strecke auf, große Bahnanlagen, Werkshallen, abgestellte Züge, Lokomotiven jede Menge, Sinfonie des Eisenbahnwesens, die uns immer wieder, gleich in welcher Situation, packt und fesselt: Der gewaltige Verschiebebahnhof von Villeneuve—St. Georges, einer der größten Europas. Alle Fäden, die aus dem Süden des Landes nach der Hauptstadt gesponnen werden, laufen hier zusammen.

Bald liegt der Bahnhof hinter uns und es geht auf die freie Strecke hinaus. Von weit her leuchten die grünen Lichter der Signale. Die Strecke ist auf Kilometer hinaus freigehalten, und nichts hindert den Mistral an seinem rasenden Lauf durch das weite Pariser Becken.

Da stehe ich nun wieder einmal auf dem Führerstand, diesmal noch dazu auf einer fremden Lok in einem fremden Land. Wie oft bin ich schon auf Dampflokomotiven gefahren, habe durch das kleine Fenster in der Führerhauswand dem Lokführer über die Schulter gesehen. Aber selbst der verknöchertste Hinterwäldler kann sich nicht der Faszination des Führerstandes einer neuzeitlichen elektrischen Lok entziehen. Da schlägt keine Höllenglut aus dem Feuerloch, da sind keine schmierigen, stählernen Handhebel, keine tropfenden Hähne. Übersichtlich liegt das Schaltpult vor dem Bedienungspersonal, das seine Arbeit im weißen Hemd verrichten kann. An die Stelle des Reglers ist die Schaltkurbel oder das Schaltrad getreten. Eine Vielzahl von Kontrollgeräten und -uhren gibt Auskunft über das Verhalten der einzelnen Maschinenteile. Da gibt es Geschwindigkeitsmesser, heute meist als sogenannte Tachographen, Luftdruckmesser, Spannungsmesser, Stromstärkemesser, für jeden der vier Motoren einen Zugkraftmesser. Da ist das Führerbremsventil, der Fahrtrichtungsschalter, die Druckschalter für Sand, Beleuchtung, Scheibenwischer, Hebel für Lüfter, Luftpfeife, Stromabnehmer und was dergleichen verwirrende Geräte mehr sind.

Trotz aller Mechanisierung des Bahnbetriebes trägt der Lokführer noch immer die ganze Verantwortung während der Fahrt.

Jeder der beiden Lokführer sitzt in einem bequemen Sessel. Die Ansprüche an sie sind keineswegs geringer als etwa in früheren Zeiten. Zwar sind auch in Frankreich die Loks der Hauptstrecken mit einer automatischen Sicherung gegen das Überfahren Halt zeigender Signale ausgerüstet. Aber der Lokführer darf sich nicht blind darauf verlassen. Er muß seine Wachsamkeitstaste drücken, auch wenn das Signal freie Fahrt anzeigt, eine Maßnahme, geeignet, jede Gleichgültigkeit auszuschalten. Alle Handlungen der Mannschaft, Wachsamkeit, gefahrene

Im schweren Güterverkehr leistet die Elektrolok heute unschätzbare Dienste.

Geschwindigkeit, werden durch den Fahrtschreiber, den Tachographen, kontrolliert.

Immer weiter geht die Fahrt. Bis Combs-la-Ville ist die Strecke für 120 km/h zugelassen. Unmittelbar hinter dem Bahnhof schaltet Schmitt weiter hoch, der Fahrstufenanzeiger nähert sich bedenklich seiner oberen Grenze, die Tachometernadel zeigt 142 km/h! Die Lok vibriert etwas, ein grelles Heulen scheint aus der Tiefe zu kommen. Das Gleis ist lückenlos geschweißt. Werde ich vom Geschwindigkeitsrausch gepackt? Ich ertappe mich, wie ich immer öfter den Tacho beobachte. Er klettert immer weiter — 147 — 148 — 149 — — da, 150 km/h!

Habe ich laut gedacht? Der Lokführer Schmitt dreht sich nach mir um.

„Wir müssen uns dazuhalten, die Fahrzeiten sind kurz. Wenn wir uns jetzt nicht sputen, dann bleiben wir unweigerlich zurück, wenn wir nachher ins Gebirge kommen.

Bahnhöfe auf Bahnhöfe prasseln an uns vorbei, größere Städte wie Melun mit der großen Seinebrücke, über welche der Zug dröhnt, Fontainebleau und Sens, dazwischen eine Unzahl kleiner Landstädtchen, Dörfer, Flecken. Immer weiter fliegen wir die Strecke entlang, durch die Île de France, jene weite flache Landschaft, deren natürlicher Mittelpunkt Paris ist. Dann tut sich die Champagne vor uns auf. Wir verlassen die Seineniederung, überqueren auf einer mächtigen Brücke den Loing, schwingen uns in weitem Bogen in das Tal der Yonne hinein, den burgundischen Bergen zu. Es ist eine bezaubernde, eine berauschende Fahrt. Teilweise klettert der Geschwindigkeitsmesser bis auf 155 km/h, ja, einmal lese ich sogar 156 km/h ab. Die Verzögerung durch einige Langsamfahrstellen muß wieder aufgeholt werden.

Weißt du, was das für ein Erlebnis ist, bei 155 Stundenkilometer Geschwindigkeit auf dem Führerstand einer elektrischen Lokomotive zu fahren? Das schwere Fahrzeug läuft nicht immer so ruhig, wie es etwa dem Beschauer, der es an der Bahnstrecke vorbeifahren sieht, erscheinen mag. Die Maschine zittert, dröhnt, ächzt, vibriert, wankt, bäumt oftmals unter Nickschwingungen auf. Dazu ein Heulton, dessen Höhe mit der Geschwindigkeit zunimmt. Die Verglasung des Führerstandes wird alsbald durch Insekten verschmutzt, die dem rasenden Zug nicht ausweichen können oder in den Fahrwindsog geraten. Manchmal kommt das Gefühl auf, das Fahrzeug stünde still und nur die Umwelt bewege sich. Bäume, Häuser, Brücken, Durchlässe kommen langsam dem Zug entgegen, fliegen dann plötzlich mit einem Husch vorüber. Die beiden Bänder des Gleises scheinen in die Lok hineinzufließen, schneller, immer schneller, die Lok saugt sie förmlich auf. Die Krümmung, die ganz in der Ferne sichtbar wird, hat den Anschein, als begrenze sie wie ein rechter Winkel die Schienen. Der Unerfahrene meint, die Lok müsse unweigerlich an der Kurve entgleisen. Dann kommt sie rasend schnell auf den Zug zu und siehe, die scharfe Krümmung erweist sich als ein sanfter Bogen, in welchen die Lok ohne Stoß einläuft. Lediglich die seitliche Neigung infolge der Überhöhung der äußeren Schiene zeigt die veränderte Situation an. So vergeht Minute um Minute. Signale tauchen in der Ferne auf — grünes Licht — freie Fahrt in sich ständig wiederholender Folge. Erst die Baken — eins — zwei — drei — vorbei! Das Vorsignal — grün — vorbei! In der Ferne ist das Hauptsignal schwach erkennbar, es kommt näher und näher — grün — husch, schon ist es vorüber. Ab und zu bricht ein Gleis aus der strengen Ordnung der Schienen aus, ein Abzweig. Die Räder klicken, die Lok wankt. Punkte tauchen auf, werden rasch größer — ein abgestellter Zug — Güterwagen! Ein beschrankter Bahnübergang weht vorüber — rechts ein Haus — zuck — vorbei — ein Bahnhof — vorbei. Das Schild ist nicht zu lesen. Jetzt ein Bahnsteig — der Ton des Rauschens verändert sich für zwei Sekunden, wird hohler — vorbei. Wieder knallen Weichen, fließen Gleise in den Hauptstrang über — letzte Häuser — ein verlassener Lokschuppen — ein Zaun — ein Trecker mit strohbeladenem Hänger — zuck — vorbei — vorbei! Von neuem öffnet sich die bunte Landschaft, von neuem tobt der Zug Mistral, Stahl gewordener Orkan, über die freie Strecke.

Wenn ich aus dem Führerstand in der Kurve zurückblicke, sehe ich die lange, metallen glänzende Schlange unseres Zuges. Wie ein Wurm ringelt er sich hinter uns her. Ab und zu kommen uns auf dem Nachbargleis Züge entgegen. Die

Strecke ist vielbefahren, eine der Lebensadern Frankreichs. Dann knallt der Luftdruck in die Fenster, daß man meint, sie müßten zerspringen. Ohrenbetäubend ist der Lärm des kreuzenden Zuges. Interessant die Loktypen, die uns begegnen, CC der 7100-Reihe und 2D2 der 9100-Reihe, dazwischen auch wieder BB-Typen.

Cezy huscht vorbei, dann Joigny. Immer noch zeigt der Geschwindigkeitsmesser Werte um die 150 an. Wieder ein größerer Bahnhof, Abstellgleise, eine Strecke zweigt ab. Die Maschine ächzt, rumpelt, Monsieur Schmitt kennt kein Pardon. In voller Fahrt heult der Mistral durch Laroche. Staub wirbelt auf, Reisende stehen mit staunenden Gesichtern auf dem Nachbarbahnsteig.

Hinter Laroche wechseln die beiden Lokführer, Monsieur Schmitt übergibt Didier den Fahrschalter, Schmitt streckt sich erst einmal.

„Man wird ganz steif, wenn man so dahockt", brummelt er. „Die ganze Zeit stillsitzen ist gar nicht so einfach."

Wir verlassen das Tal der Yonne, die Bahntrasse folgt in weitem Bogen dem Armançon, einem Flüßchen, das von den Bergen herunterströmt und dessen Wasser gleichzeitig den Kanal von Burgund speisen, der über die Yonne Seine und Saône miteinander verbindet.

Leider mache ich eine unangenehme Beobachtung. Das Wetter wird wieder schlechter. Es hatte sich einigermaßen gehalten, seit wir das Regengebiet über der Île de France verlassen hatten. Nun nähern wir uns den burgundischen Höhenzügen. Die Sicht wird von Kilometer zu Kilometer kürzer. Hinter Brienon geht auch wieder ein schwacher feuchter Niederschlag vom Himmel herunter. Na, das kann noch gut werden! Monsieur Didier schnüffelt in der Luft herum.

„Sacrebleu, Schmitt, quelle misère, la brume!"

Das verstehe ich sogar.

Nebel!

Wie schön haben es doch die Fahrgäste. Sie brauchen nur zu schimpfen, wenn die Fahrt nicht pünktlich vorangeht. Alles andere kümmert sie nicht. Ich kann mir denken, wie es Lokführer Didier zumute ist.

Hinter Flogny geht er etwas mit der Geschwindigkeit herunter. Was heißt herunter. Der Tacho steht auf 140 km/h. Die Strecke ist nur noch hierfür zugelassen, denn die Trassenführung wird schwieriger, je näher wir dem Gebirge kommen.

Die Krümmungen nehmen zu, die Berge zu beiden Seiten des Flußtales werden höher, die Bahnstrecke nähert sich dem Plateau von Langres, der Wasserscheide zwischen Seine und Saône. Sein höchster Berg, der Mont Tasselot, ist immerhin 608 m hoch. Der Tacho steht auf 142, als wir Aisy durchfahren, und in Montbard sind es wieder 144.

Lokführer Didier zieht prüfend die Luft durch die Nase. Sein Gesicht ist kummervoll. Einem erfahrenen Lokführer geht es wie dem Bauern. Aus noch so geringen Anzeichen macht er sich bereits ein genaues Bild über den mutmaßlichen Witterungsverlauf.

Als wir noch immer mit hoher Geschwindigkeit durch den Bahnhof von Les

Laumes-Alésia rollen, bereite ich mich moralisch auf das Erlebnis der Rampenfahrt vor, die nun beginnen soll. Ich male mir aus, wie vor Jahren manch braver Heizer hier seine Dampflok im Schweiße seines Angesichts gefeuert hat, wie einstmals donnernde Auspuffschläge von den Bergen ihren Widerhall gefunden und Qualm und Dampf als Baldachin über der Strecke gelegen haben mögen.

Doch diese für das Eisenbahnerherz so farbigen Vorstellungen werden jäh zerstört, denn auf einmal ist nichts mehr zu sehen.

Ein Tunnel?

Nein, das kann nicht sein, dazu ist es zu hell.

Nebel!

Wer weiß, was das schicksalschwere Wort auf dem Führerstand für eine Bedeutung hat? Wer weiß, was das heißt mit 140 km/h Geschwindigkeit eine Nebelwand zu durchstoßen? In das Nichts hineinzufahren?

Didier sitzt mit zusammengebissenen Zähnen hinter dem Schalter und starrt nach vorn. Schmitt ist von seinem Sitz aufgestanden, hat sich dicht an die vordere Windschutzscheibe gestellt, um die Signale möglichst nah im Blickfeld zu haben.

Zum Glück handelt es sich nicht um eine geschlossene Nebeldecke, sondern mehr um einige Felder oder Fetzen, die vor dem Regen durch die Täler getrieben wer-

Einsamer Wanderer auf dem Schienenstrang: Der Streckenläufer.

Die elektrische Zugförderung brachte in allen Ländern eine erhebliche Steigerung der Zuggeschwindigkeiten.

den. So gibt es ab und zu einmal ein Luftloch, durch das wir wieder auf die Bahntrasse schauen können, eine kleine Unterbrechung in der nervlichen Anspannung.

Um so heftiger macht sich die Steigung bemerkbar. Der Zeiger des Geschwindigkeitsmessers geht mehr und mehr zurück. Didier fährt bereits mit der letzten Fahrstufe. Umsonst. 125 km/h zeigt der Tacho noch, als wir Theussey durchfahren, und in Verrey sind es noch ganze 105 Stundenkilometer.

In Verrey beginnt das schlimmste Stück, die 8‰-Rampe zum Scheiteltunnel von Blaisy Bas. Neugierig blicke ich mich um. Hier also hat sich eine der Großtaten der Dampflokzeit abgespielt, auf die alle Europäer stolz sein sollten.

Auch unter den Dampfloks gibt es Giganten. Ein solcher, nämlich eine der ersten Loks der neu erbauten Gattung 241-P der SNCF, eine 2'D 1'-Vierzylinder-Verbund-Schnellzuglok, hat am 30. August 1948 die Rampe von Verrey mit einen 604 t schweren Zug im 100-km/h-Tempo genommen.

Kommt der Dampflokfreund in mir zum Ausdruck, als ich mit Befriedigung feststelle, daß unser toller Mistral mit seiner 5200-PS-Maschine auch nur 105 „drauf" hat.

Der Nebel geht mehr und mehr in feuchten Niederschlag über. Lokführer

Didier ist während der letzten Kilometer merklich unruhig geworden, immer wieder beobachtet er die Zugkraftmesser der Motoren, als ahne er das Unheil. Und richtig, kaum ist der Kilometerstein 280 vorüber, da — — wildes Pendeln, wildes Aufheulen — es ist passiert — — aus! Keine Zugkraft mehr. Die Räder schleudern wie wild, die Motoren drehen durch!

Monsieur Didier gibt eine Skala von französischen Vokabeln von sich, die selbst einem ergrauten Französisch-Lehrer ehrfürchtiges Staunen abgenötigt haben würden und die Gott sei Dank im Schulunterricht nie gelernt werden. Ich verstehe nur die Hälfte. Blitzschnell schaltet er auf Null, gibt Sand, schaltet wieder hoch — greifen die Räder? Ja, volle Zugkraft, die Lok bäumt sich auf; um zehn Kilometer Geschwindigkeit sind wir bereits zurückgefallen.

Da — wieder schleudern die Räder — ist der Sand alle? Das Spiel wiederholt sich von neuem. Null — Sand — hochschalten!

„Schmitt, attention!“ Didier weiß nicht mehr, wo er zuerst hinschauen soll, auf die Strecke, auf die Zugkraftmesser, auf den Geschwindigkeitsmesser? Der Nebel ist zum schmierigen Niederschlag geworden, die Gleise scheinen von einem schleimigen Film überzogen. Immer wieder gerät die Lok ins Schleudern. Die Sache scheint hoffnungslos zu sein. Wir verlieren weiter an Geschwindigkeit. Ganze 70 km/h fahren wir noch. Um 15.18 Uhr sollen wir Blaisy Bas durchfahren, die Uhr zeigt schon 15.20, und wir haben noch nicht einmal den Gipfel erreicht. Sollen wir hier liegenbleiben? Ist die Last von 736 t für die Schlüpfrigkeit der Strecke, für dieses unglückselige Herbstwetter zu groß? Oder ist das gar kein Nebel, sind es Wolken, die derart tief ziehen?

Wenigstens die Signale zeigen Grün!

Aber zeigen sie wirklich Grün? Kann Schmitt sie überhaupt im Nebel erkennen? Eben fahren wir wieder in eine undurchsichtige Mauer hinein. Wie, wenn jetzt eines auf Halt steht?

Manchmal will es scheinen, als beschwöre man das Schicksal mit seinen Gedanken. Ein Mast, kaum zu ahnen, huscht vorüber.

„Rouge!“ kommt es kurz und trocken über Schmitts Lippen, „rouge!“

Also rot!

Didier sagt kein Wort, er hängt mit den Blicken an seinen Armaturen. Hat er nichts gehört? Warum unternimmt er nichts? Wir fahren doch noch immer mit fast 70 km/h durch die Nebelwand?

Bange Sekunden vergehen. Wieviel Gefühl, wieviel Streckenkenntnis, wie viele jahrelange Erfahrung gehört dazu, um das Instrument „Lokomotive“ so zu beherrschen, so virtuos zu fahren, um jeden Meter Bremsweg im Gefühl zu haben? Wieviel technisches Einfühlungsvermögen ist erforderlich, um einen so komplizierten Mechanismus, wie es eine moderne Lok ist, derart souverän zu regieren!

Nach bangen Sekunden schaltet Didier auf Null.

Nun hängen alle Blicke an einer Strecke, die nicht zu sehen ist, während der Zug langsam und langsamer ausrollt. Alle Augen warten auf das Hauptsignal, auf das erlösende Grün oder das bedrückende Rot. Abgesehen vom Wetter ist die

Reisezug in nordischer Winterlandschaft. Es führt eine Universallok der schwedischen Klasse F.

Ein Zufallstreffer des Fotografen: Zwei kreuzende Dieseltriebzüge der ÖBB, Reihe 5045, begegnen einer alten Dampflok der Baureihe 57.

Oben: Die mit Recht berühmte Schweizer Ae 6/6, eine 6000 PS-Lok, auf der Gotthardbahn
Unten: Auch die Sowjetunion besitzt starke Elektroloks, Reihe WL 23, eine Co'Co'-Type, abfahrbereit auf dem Kursker Bahnhof in Moskau.
Rechte Seite: Triebwagenzug der Italienischen Staatsbahn als TEE „Mediolanum" im Hauptbahnhof in München

TEE

Aus der Werkstatt: Einpassen der Motor-Tatzlager auf der Treibachse eines dieselelektrischen Schnelltriebwagens

Einbau eines Voith-Getriebes für einen Dieseltriebwagen. Der „Läufer“ mit den hydraulischen Drehmomentwandlern hängt zum Einsetzen im Kran. Im Gehäuse hinten liegt die Vorgelegewelle, weiter vorn die Wendeschaltung, vorn unten der Abtriebsflansch.

Fahrt bis jetzt wunderbar verlaufen. Alle Signale zeigten grünes Licht. Aber wahrscheinlich geht es anderen Zügen, die vor uns auf der Strecke liegen, ähnlich. Vielleicht quält sich ein Güterzug den Berg hinauf und ist hoffnungslos zurückgeblieben. Dort kämpft ein Lokführer genau wie wir gegen den Nebel, gegen die Feuchtigkeit, gegen die glitschigen Schienen. Vielleicht ist er mit seinem Zug liegengeblieben? Was dann?

Plötzlich ist der Nebel zu Ende, letzte Schwaden ziehen vorüber, die Sicht ist frei und klar, wir haben die Nebelwand anscheinend in der Höhe durchstoßen. Die Strecke macht eine große Krümmung. Da steht auch das Hauptsignal — — —!

Drei Stimmen rufen gleichzeitig, zwei haben „vert" gesagt, eine „grün". Gottlob! Ein großes Aufatmen geht durch den Führerstand. Die Schaltstufen knacken, dumpf und widerwillig heult die Maschine auf, wie beim Klang tiefer Orgelstimmen. Wir haben es geschafft. Die Schienen sind hier trockener, die Nebelfeuchtigkeit hat aufgehört. Zwar scheint nicht gerade die Sonne, aber die Sicht ist ausreichend. Didier gibt fleißig Sand, um den Haftwert der Räder zu erhöhen.

Der Tachometer beginnt langsam zu klettern. Ach wie langsam! Sechzig — — — siebzig — —! Es dauert eine Ewigkeit, ehe der Zeiger von Strich zu Strich gekrochen ist. Jetzt achtzig! Die Strecke arbeitet sich an einer Berglehne empor, wundervolle Blicke in nebelverschleierte Täler öffnen sich. Hier, in dieser prachtvollen Landschaft müßte man einmal wandern können. Aber das sind Gedanken, die vorbeiziehen, flüchtig wie ein Hauch. Realität ist der Kampf des Mistral um die letzten Meter Steigung. Die Motoren der Lok laufen mit Höchstlast, die Lüfter heulen, die ganze Maschine zittert und vibriert, ein Jubelgesang der Technik des zwanzigsten Jahrhunderts. Welch eine Leistung, einen 736-t-Zug auf einer 8‰-Rampe bis auf 85 km/h zu beschleunigen!

Alles hat einmal ein Ende, auch die schwierigste Fahrt geht vorbei. Eine letzte Kurve, Häuser kommen in Sicht, Gleise zweigen ab, Güterzüge stehen auf Wartegleisen. Wir durchfahren Blaisy Bas. Die Signale zeigen Grün, der Gipfel ist erreicht, vor uns öffnet sich das gähnende Tunnelloch. Ein greller Pfiff aus der Luftpfeife, dann poltert der Mistral in den 4100 km langen Scheiteltunnel von Blaisy hinein. Im Führerstand ist es ganz dunkel, nur die grünen Lämpchen der Armaturen leuchten. Wir sehen lange nichts, ahnen nur die Last des Gebirges über uns. Nach einiger Zeit ein winziges Loch in der Ferne, der Tunnelausgang. Er scheint stillzustehen, kommt nur langsam näher. Der Tunnel liegt im Gefälle. Während Blaisy Bas noch 405 m hoch liegt, sind es in der nächsten Station nur noch 388. In unseren Zug kommt Leben. Es dröhnt und hallt, heult und tobt gewaltig im Berginnern. Wir spüren, wie das Rauschen zunimmt, obwohl wir den Tachometer nicht erkennen können. Und siehe, da huscht auf einmal die Öffnung heran. Geblendet kneife ich die Augen zusammen, heller Tag ist um uns.

Nun beginnt die Abfahrt.

Abfahrt ist eigentlich sehr gelinde ausgedrückt für das, was Monsieur Didier uns nunmehr zu bieten hatte. Kaum lag das Tunnelportal hinter uns, da überzeugte mich ein Blick auf den Geschwindigkeitsmesser, der bereits auf 130 stand, daß der Lokführer 'rausholen wollte, was noch 'rauszuholen ging. Die Lok krachte in allen Fugen, die Weichen knallten, als wir durch Baulne-la-Roche heulten. Schnell ein Blick auf die Uhr. 15.26! Planmäßig sollten wir 15.21 den Bahnhof durchfahren. Also fünf Minuten Verspätung. Ich hatte noch mehr erwartet — wie man sich täuschen kann! Waren aber selbst diese fünf Minuten noch einzuholen? 22 Kilometer waren es noch bis Dijon, 11 Minuten Fahrt laut Plan. Der Kampf ging um Sekunden, um jeden Meter Raum. Wieder flog förmlich ein kleiner Bahnhof heran. Malsin! Die Trasse stieg schnell von der Höhe herab und näherte sich wieder dem Kanal von Burgund, dessen Lauf der Zug folgte. Die Berge traten zurück, das weite Tal, die Niederung, die bis zu den Gipfeln der Westalpen reicht, tat sich vor uns auf. Viel zu sehen war allerdings nicht, denn das Wetter war immer noch trübe.

Die letzten Kilometer waren ein Wettlauf mit der Zeit. Wir kamen von 150 km/h nicht mehr herunter. Die Strecke war weithin frei. Übrigens bedarf es hier der Erwähnung einer Besonderheit der französischen Bahnen. Der Streckenabschnitt zwischen Blaisy Bas und Dijon ist nämlich banalisiert — banalisée — das heißt, beide Gleise werden stundenweise immer nur in einer Richtung befahren, wobei der gesamte Verkehr vom Zentralstellwerk Dijon gesteuert wird. Auf diese Weise wird die Durchlässigkeit von Fall zu Fall sehr gesteigert. Lokführer Schmitt machte mich darauf aufmerksam, als wir auf dem Nachbargleis einen Güterzug überholen. Ein ungewohntes Bild, wenn zwei Züge in der gleichen Richtung nebeneinander fahren.

Die letzten Bahnhöfe rauschten vorüber. Cantenay, Velars, Plombières. Schon war das Weichbild der großen Stadt sichtbar, Häuser, Türme. Erst in letzter Minute, buchstäblich auf dem letzten Kilometer, ging Didier von seiner enormen Geschwindigkeit herunter. Der Bremsweg war so bemessen, daß wir vorschriftsmäßig am Bahnsteig zum Stillstand kamen.

Wir atmeten auf. Oder war das nur ich, der so hörbar Luft holte? Wie, war den beiden Männern überhaupt nichts anzumerken?

„Fini!“ war das einzige Wort, das Didier vernehmen ließ, als er sich den unvermeidlichen Glimmstengel zwischen die Lippen schob. Dann kletterten sie beide von der BB 9232 herunter, eine neue Mannschaft, Lyoner Personal wartete bereits, welche die Lok bis Avignon fahren sollte. Dort ist die elektrische Strecke zu Ende, und im selben Augenblick wurde wahrscheinlich im Lokschuppen von Avignon schon eine 241-P für den Mistral angeheizt.

Wir standen alle drei auf dem Bahnsteig. Die Uhr zeigte 15.35. Wir hatten mit drei Minuten Verspätung Dijon-Ville erreicht.

Um uns der Lärm des großen Bahnhofs. Wagenwärter warteten, um mit Schrubber und Lappen die Windschutzscheiben der BB 9232 zu reinigen. Da der Bahnhof in einer Kurve liegt, war der Zug in seiner ganzen Länge zu überblikken.

Ich verabschiedete mich von den beiden Lokmännern, dankte für die freundliche Aufnahme und die zuverlässige Beförderung. Ich konnte nicht umhin, Monsieur Schmitt ein Kompliment über seine und seines Kollegen Leistung zu machen. Seine Antwort:

„Ach, machen's net so viel. Mit drei Minuten sind wir noch ganz gut weggekommen. 's kommt halt überall mal was vor. Die Sach' ist net der Rede wert!" Und Lokführer Didier grinste freundlich und artikulierte: „Auf Ouiderseen!"

Auf Wiedersehen, Mistral, Zug aller Züge! Möge allezeit ein glückliches Geschick deinem Lauf beschieden sein!

Die Benzinschaukel

War das ein Fest, als der alte Betriebsinspektor Schünnemann sein fünfzigjähriges Dienstjubiläum feierte. 50 Jahre bei der Eisenbahn! Das ist fürwahr ein Grund zum Feiern, und der lustige kleine Schünnemann wäre auch der letzte gewesen, sich diese Gelegenheit entgehen zu lassen. Am Vormittag war die offizielle Festlichkeit gewesen mit Ansprachen, Diplomen, Prämien und so weiter. Der Abteilungspräsident war persönlich gekommen, es gab Händedrücke ohne Zahl, und Schünnemann war sichtlich gerührt. Aber am Abend, als dann das Ereignis im engsten Kreise der Kollegen und Mitarbeiter begossen wurde, da war der lustige alte Mann in seinem Element. Ich war damals ein grasgüner junger „Hüpfer", wie es so schön heißt und mir des schuldigen Respekts den alten Veteranen gegenüber bewußt, diesen alten Recken des Schienenstranges. Fast alle, die mit in der Runde saßen, hatten noch bei den Länderbahnen angefangen, und eine Addition aller Dienstjahre hätte ein hübsches dreistelliges Sümmchen ergeben.

Wenn Eisenbahner beisammen sitzen, dann wird — falls nicht gerade über die schlechte Bezahlung geschimpft wird — geklönt, dann wird erzählt. Der edle Gerstensaft löst die Zunge, und es herrscht die gleiche glückliche Stimmung wie bei jenen tapferen Männern, die mit Hilfe großer Donnerrohre und scharfem Visierwasser unschuldige Häslein ins Paradies befördern und dann anschließend in rechtem Männerstolz sich ihrer verwegenen und gefährlichen Taten rühmen. Genauso ist es bei den Männern vom Führerstand.

„Weißt du noch?" heißt es dann und „— — damals, anno 29, in dem strengen Winter" oder „— — als wir die ersten P 10 kriegten" und „— — wer kennt noch den Blankenheimer Berg?" Die Gesichter röten sich, die Köpfe werden heiß und die alten Herzen wieder jung im Nacherleben früherer Begebenheiten. Alsbald hieß es denn auch: „Schünnemann, erzähle!" Man wußte, daß der alte Betriebsinspektor viel erlebt hatte und noch besser zu erzählen verstand. Da zwar jeder Maschinenmann selbst gern sein Garn spinnt, aber auch gern andern zuhört, so breitete sich alsbald eine in höchstem Maße behagliche Stimmung aus.

Hier muß ich einflechten, daß der Jubilar ein Schwabe war und trotz seiner mancherlei Versetzungen ins bayerische oder preußische Ausland seine Muttersprache nicht verleugnen konnte. Leider ist es mir nicht möglich, die ihm eigene köstliche Ausdrucksweise wiederzugeben. Dazu reichen meine Kenntnisse der schwäbischen Lautschrift nicht aus. Nun, vielleicht gelingt es mir wenigstens, ab und zu etwas original Schünnemannsches einzuflechten.

„Ihr jungen Hupfer", begann der Alte unter dem Gelächter seiner alten Kollegen, „ihr könnet garnet mitschwätze, wenn von der Eisebahn die Red' ischt. Ihr sitzt heute in euren Glaspalästen, in euren Salons und laßt die Karr' laufen, weil sie allweil von allein lauft. Ha, was waret wir damals für Kerle!" —

Ein Dutzend rauher Eisenbahnerkehlen lachte ob der Worte des Alten, denn seine Kollegen stammten ja alle aus derselben Generation und waren kaum wesentlich jünger als er.

„Hoho", lachte einer, „Schünnemann, wenn dich die Eisenbahn nicht gehabt hätte, müßten sie heute noch mit'm Kutschwagen fahren!"

„Hano, dein Verdienscht is es aber au net, Schneider", konterte der Angeredete, „daß wir heut mit'm Schnelltriebwagen überall hinfahren können. I bin scho auf der Benzinschaukel gefahre, da hast du noch Kohle bei der Marine geschippt!"

„Na, nun gib nur nicht so an", neckte der andere und zwinkerte mit den Augen, „hat's denn damals, wo sie ohne dich bald pleite gegangen wären, überhaupt schon Triebwagen gegeben?"

Da fuhr der Kleine auf. „Gell, jetzt hascht wieder bewiesen, daß du net als Maschinemann sondern als Nachtwächter der Eisebahn deine Dienschtjahre gestohle hascht. Herrjeh, wenn ich an die erschte Triebwage denk', wird's mir heut no schlecht."

„Erzählen, erzählen!" riefen alle durcheinander, denn jeder witterte, daß der Alte ein Erlebnis auf Lager hatte.

„Hano, ihr laßt mir ja doch koi Ruh. Doch zu deiner Belehrung, geliebter Kollege Schneider, Triebwage hatte wir bei der Württembergischen scho seit 1900! Gell da guckscht!"

Der andere lachte. „Jetzt kommt die schwäbische Eisenbahn, jetzt sind wir beim richtigen Thema."

Schünnemann ließ sich nicht beirren.

„Leut', waren das Zeiten! Na, ich brauch euch ja wohl net zu erzählen, daß damals die Sach' erst aufkam, mit'm Benzinmotor und so. Das weiß ja heut' scho jeds Büble. Allerdings hatten wir in Württemberg eine ganze Reihe Dampftriebwagen, die noch lange gefahren sind. Die waren alle aus dem Bestreben heraus entwickelt, für Nebenstrecken mit schwachem Verkehr ein billig arbeitendes Fahrzeug einsetzen zu können. Das ganze Gebiet war damals völliges Neuland, und nicht nur wir Männer der Praxis, nein, auch unsere Ingenieure mußten von Grund auf die Materie erst lernen. Es war ja nicht damit getan, so einen Motorwagen in Betrieb zu nehmen, nein, das gesamte Fahr-, Wartungs- und Werkstattpersonal mußte erst angelernt werden.

Ich kann mich noch ganz genau erinnern, als wir damals im Jahre 1900 den ersten Daimler-Motorwagen bekamen (Abb. S. 135). Heiligs Blechle, war das eine Schaukel! Ihr müßt euch so etwas Ähnliches wie einen Straßenbahnwagen vorstellen mit offenen Plattformen, lediglich vorn war ein bißchen Glas. Er lief aber auf normalen Eisenbahnwagenrädern. Auf jeder Plattform war ein Führerstand — wie eben bei der Straßenbahn — und inwendig hatten an die 40 Leute Platz. In der Mitte vom Abteil lag ein Kasten, der den Motor überdeckte. Den Antrieb besorgte ein Vierzylinder-Vergasermotor, der über ein gewöhnliches Zahnrad-Schaltgetriebe seine Kraft auf die Achse übertrug. 30 PS Leistung gab er her, und über das Zahnradgetriebe konnten wir vier Geschwindigkeiten einschalten, von 7 bis 32 km/h. Na, es war halt der erste Versuch, und da hat noch nicht alles so geklappt, wie es sollte.

Die Staatsbahn hatte vor, noch mehr von den Dingern anzuschaffen, und so wurden erst einmal Führer dafür ausgebildet. Ich war damals in Stuttgart bei der Betriebswerkstatt. Weil ich doch nun mal ein bissel klein geraten bin, da meinte der alte Kolb, der damals unser Vorsteher war, das sei gerade das richtige für mich, und ich sollte mich als Fahrer vom Motorwagen bewerben. Ich könnte sowieso nicht aus dem Fenster einer Dampflok gucken. Da müßte ich mir erst ein paar Preßkohlen unterlegen.

Ich überlegte mir die Sache nicht lange, meldete mich und wurde auch angenommen. Ich machte meine Ausbildung durch oder wenigstens das, was man heute so nennt, legte etwas Ähnliches wie eine Prüfung ab und half dann später auch bei der Ausbildung anderer Führer.

Die ersten Stunden kurvten wir nur in der Nähe von Stuttgart herum. Später machten wir auch einmal eine größere Tour. Kinder, da kann ich einen Ausflug nicht vergessen, den wir im Dezember 1900 hinter uns gebracht haben. Es war nämlich auch meine erste größere Überlandfahrt.

Da die Maschinenabteilung irgend etwas ausprobieren wollte, meldete sich einer von den dortigen Bauräten, um mit uns zu fahren. Wir waren ihrer vier, der Baurat, der Inspektor Hillebrand, der mich ausgebildet hatte, ich und Karl Hägele, ein anderer jüngerer Fahrer, der aber noch weniger Ahnung hatte als ich.

Es war kalt an jenem Dezembertag, als wir so gegen neun Uhr losfuhren. Die Nacht zuvor hatte es auch geschneit, aber im allgemeinen war das Wetter ruhig. Die Sonne kam sogar mal 'n bissele 'raus. Wir bullerten denn von Stuttgart aus auf die Heilbronner Strecke hinaus, und die Sache ließ sich ganz gut an. Ich fuhr die erste Zeit. Weil's aber auf der offenen Plattform arg kalt war, hatten sich die anderen drei in den Wagen gesetzt. Nur ab und zu kam mal der Baurat zu mir und wollte so manches wissen, wie sich denn diese und jene Einrichtung bewährt hätte und so weiter. Aber nach ein paar Minuten wurde es ihm zu kalt und er verschwand wieder in der Kajüte.

Nun müßt ihr euch eine Fahrt von damals durchaus nicht so komfortabel vorstellen wie heute. Unser Wägele wackelte ganz schön, zudem knatterte und bullerte der Motor gewaltig. Man hatte allerlei an Instrumenten und Hebeln zu bedienen und mußte ganz schön aufpasssen, denn es war alles gar nicht so einfach. Besonders wenn man die Zündung verstellte, dann konnte es einem passieren, daß es hinten zu donnern begann und — bauz — bauz — bauz — das Ding wie eine Feldhaubitze zu spucken anfing. Das Fahren war sowieso eine Kunst für sich. Es war wie beim Auto, Kupplung, Gang 'rein — wenn er 'rein ging — und dann Gas geben. Aber den Gang 'rein zu kriegen, du liebes Hergottle, das war ein Theater. Das Getriebe war doch noch ganz roh und besaß keinerlei Feinheiten, und wenn die Zahnräder ineinandergriffen, dann gab's extra noch einmal einen tüchtigen Krach und 'n Ruck im Wagen. Jedenfalls hatten wir unsere Beschäftigung. Es war nur gut, daß die Schaukel höchstens ihre 25 bis 30 Kilometer machte. 's ging wenigstens gemütlich zu, und man konnte alles in Ruhe erledigen. Für Überraschungen war sowieso jedesmal reichlich gesorgt.

Wir waren kaum hinter Feuerbach 'naus und durch Zuffenhausen durch und schnauften langsam den Buckel hinauf nach Kornwestheim, da kam der Hillebrand angerannt und sagte, ich sollte geschwind halten, das Kühlwasser koche. Richtig, hinterm Wagen her zog eine mächtige Dampfwolke, wie bei einer Lokomotive. Es war aber nicht weiter schlimm, wie sich herausstellte. Der Riemen für den Kühlerventilator war lose. Das waren ja damals noch keine Gummikeilriemen, sondern gewöhnliche Lederriemen. Der Propeller vom Kühler hatte sich nicht mehr gedreht und das Wasser war übergekocht. Das war keine Seltenheit. Vielleicht hätten wir's sonst gar nicht gemerkt, weil das Kühlwasser im Winter gleichzeitig zum Heizen des Wagens verwandt wurde, aber den Berg 'rauf sind wir mit dem ersten Gang gefahren, und da hat's halt übergekocht.

Der Schaden war bald behoben und die Reise ging weiter. In Ludwigsburg haben wir eine ganze Weile halten müssen, weil ein paar Schnellzüge Vorfahrt bekamen. Dafür hatten wir dann unsere Not, die Schaukel wieder in Gang zu kriegen, denn sie war mittlerweile kalt geworden. Das Ingangkriegen war auch so eine Sache. Das wurde mit der Kurbel besorgt vom Wageninnern aus. Waren Fahrgäste dabei, dann diente dieses Schauspiel sehr der allgemeinen Belustigung.

In Bietigheim haben wir wieder halten müssen. Ich stieg einmal aus, schaute unter den Wagen und sah zu meinem Schrecken, daß wir's schöne Benzin verloren. War doch von der Ruckelei am Benzinrohr eine Muffe lose geworden, und der schöne Stoff lief langsam aber sicher davon.

Donnerwetter! Gut, daß ich's gemerkt hatte. Das hätte eine schöne Überraschung gegeben, wenn wir auf einmal mitten auf der Strecke liegengeblieben wären.

Na, 's ist halt nochmal gut gegangen. Und's Benzin hat auch noch gereicht. Bei unsrem Höllentempo haben wir aber vier Stunden gebraucht, um bis Heilbronn zu kommen. Kein Wunder, daß wir alle Hunger gekriegt hatten und auch der Baurat sich partout mal irgendwohin hocken wollte. Als wenn er nicht die ganze Zeit über schon gehockt hätte. An den Schünnemann hat natürlich keiner gedacht, meine drei Helden verdrückten sich, als wir am Bahnsteig angekommen waren, und ich konnte sehen, wo ich blieb. Denn ich mußte ja nachtanken. Kinder, wißt

Wir machten eine Probefahrt auf der Strecke nach Heilbronn.

ihr denn überhaupt, was das zur damaligen Zeit geheißen hat: Tanken? Wo man' s Benzin noch in einem kleinen Fläschchen in der Apotheke holte?

Ich hab' ja wohl erst eine halbe Stunde herumgefragt, bis ich dann glücklich im Betriebslager drüben in Böckingen eine Seele gefunden hatte, die behauptete, ein Fäßchen mit so einem ähnlichen Stoff liegen zu haben.

Na, das war nun erst wieder eine Schinderei, nach dem Lager zu kommen, das ging über ein Dutzend Abzweige, mal vor, mal zurück, und dann immer mit der alten Schiffschaukel. Da könnt ihr euch vorstellen, daß ich so nach und nach in richtige Stimmung kam. Also suche ich mir im Lager den Mann mit dem Fäßchen, finde ihn auch und laß mir meinen Tank wieder halb voll machen. 's mögen so 100 Liter gewesen sein. Mittlerweile war's schon fast zwei Uhr geworden. Wie ich wieder an den Bahnsteig kam, da standen meine drei Helden schon da und mit ‚auf, mr schteiget ei' dachten sie, wäre für sie der Fall erledigt.

Das langte mir ganz entschieden, ich schlug dem Hillebrand vor, er solle mal den Karl Hägele fahren lassen, ich hätte nun die Nase voll. Hillebrand sah das ein, und ich machte es mir schön im Wagen gemütlich.

Wir kriegten bald Ausfahrt und tuckerten los. Ich war wirklich froh, endlich auch einmal im warmen Abteil sitzen zu können und streckte die Beine von mir, die waren ganz durchgefroren. Im Wageninnern hörte man das Knattern des Motors noch viel deutlicher als vorn im Führerstand. Ich wurde bald stutzig. Das Ding stotterte so komisch! Mal röchelte er, als läge er in den letzten Zügen, dann knisterte und rappelte es und er fing an zu rasen, als hätte man ihm Dynamit eingefüllt. Mir wurde langsam ungemütlich und ich machte mir Gewissensbisse, daß ich mich nicht überzeugt hatte, was der Kerl auf dem Lager eigentlich in den Tank gefüllt hatte. Ob der überhaupt gewußt hat, was Benzin ist? Ob er vielleicht Petroleum — — —? Mir wurde es schwach in den Beinen, ich schloß die Augen und dachte: Wie soll das enden?

Allen Ängsten zum Trotz ließ sich die Fahrt ganz gut an. Mir fiel zwar auf, daß wir langsamer fuhren, aber eine Stunde später hatten wir trotzdem Besigheim erreicht und schickten uns an, den Berg hinaufzupusten, der nach Bietigheim führt. Ihr wißt ja alle Bescheid.

Der Baurat war eingenickt. Er hatte wohl keine Lust mehr, seine Prüfungen abzuhalten. Der Inspektor Hillebrand klapperte auch mit den Augendeckeln. Nur ich war wach und guckte voll banger Ahnungen zum Fenster hinaus. Das schlechte Gewissen ließ mir keine Ruhe.

Langsamer und langsamer wurde unsere Fahrt. Der Motor spuckte und fauchte, böllerte und knallte — aber er lief noch. Mir kam das beinahe wie ein Wunder vor. Allmählich aber hielt ich die Luft an und war froh, nicht in Karl Hägeles Haut zu stecken.

Na richtig, es kam, wie es kommen mußte. Ein Stück kraxelten wir noch den Berg nauf, dann tat der Motor seinen letzten Schnaufer. Bauz — bauz — bauz — schoß er noch ein paar saftige Fehlzündungen ab, daß die beiden Schläfer aus ihrer Ruhe aufschraken, dann tat er keinen Mucksen mehr, und unser Fuhrwerk blieb mit einem schwachen Seufzer einfach stehen.

Was nun?

Das ist 'n komisches Gefühl, wenn man so plötzlich auf freier Strecke liegenbleibt und weiß nicht warum.

Aber ich dachte mir, passieren kann nicht viel, es sind ja zwei Experten dabei. Und wenn der Kerl in Heilbronn ganz was anderes in den Tank gefüllt hat, so können wir's in Bietigheim ja auswechseln.

Der Baurat und der lange Hillebrand krabbelten denn auch aus dem Wagen und besuchten erst den Karl Hägele auf dem Führerstand. Der war natürlich kreideweiß im Gesicht, hatte mächtige Angst vor dem hohen Tier und wußte sich die Sach' auch nicht zu erklären.

's war verdammt kalt draußen, kein Wunder, es ging ja schon auf die Nacht zu und begann zu dämmern. Wir stiegen aus und guckten alle Mann draußen unter den Wagen, es war aber nichts zu sehen. Der Baurat fingerte hier und da ein bißchen herum — nichts. Die Inspektion wurde dann im Wageninnern fortgesetzt, nachdem wir die Haube vom Motor abgemacht hatten — auch nichts. Ich erzählte den Herrschaften, daß ich in Heilbronn nachgetankt hatte und daß es vielleicht an dem Benzin liegen könnte. Der Baurat machte den Stöpsel vom Tank auf und roch hinein, stellte aber fest, daß dem Geruch nach doch wenigstens ein benzinähnlicher Stoff darin sein müsse. Von der Seite aus war also dem Versager nicht beizukommen.

Nun kriegte Karl die Order, mit der Leier den Motor wieder in Gang zu bringen. Ich denk', willst derweil die Lampen in Gang bringen, denn wie gesagt, es wurde finster.

Aus der „Steinzeit“ der Diesellok: V 3201, gebaut 1928, mit Druckluftübertragung nach Art der Dampflok

Die V 140 001, erste brauchbare deutsche Diesellok mit hydraulischer Kraftübertragung, gebaut 1935

Französischer Diesel-Veteran von 1932, Leistung 750 PS

Die Diesel-Kleinloks haben sich bei der DR frühzeitig durchgesetzt.

Die 288, einzige dieselelektrische Lok der DB

Die berühmte 220 der DB, die Lok, welche die „Verdieselung“ erst richtig populär gemacht hat. Sie leistet 2200 PS.

Die 236 ehemals von der „Wehrmacht" übernommen, macht sich heute im Nebenbahndienst nützlich.

Als Universallok hat sich die Dieselfamilie 216 der DB herausgebildet. Hier die verstärkte Weiterentwicklung als Reihe 215.

Den Verschiebedienst hat sich auf fast allen Bahnhöfen der DB die 260, eine 650 PS-Diesellok, erobert.

Einbau des Motors in eine Diesellok. Blick in eine Montagehalle der Maschinenfabrik Oerlikon.

Ich kletterte gerade die Treppe von der Plattform herab.

„Hau — ruck!" höre ich drinnen den Baurat kommandieren.

Kinder, Kinder! 'n schönes Hauruck tut's da auf einmal, Erst macht's 'nen großen Bauz! Ein Knall, ein Donnerschlag, ich kriege einen Stoß ins Kreuz und schieße mit einem Riesensalto durch die Luft und in hohem Bogen den Bahndamm hinunter, daß mir alle Knochen im Leibe krachten."

Wieherndes Gelächter an der Tischrunde. Schünnemann hatte die Ereignisse so spannend erzählt, daß alle im Geiste an der Panne beteiligt waren und seinen unfreiwilligen Segelflug miterlebten.

„Mensch, Schünnemann, das hätte ich mal sehen mögen!" —

„Seht ihr, 'n richtiger Eisenbahner muß auch fliegen können!" —

„Wetter noch einmal!" rief der Alte, „haltet eure Mäuler, ihr Nichtsnutze! Möchte nicht wissen, wie dämlich ihr euch angestellt hättet. Eine Schande, daß man mit euch die vielen Jahre zusammen Dienst getan hat."

Als der Lärm sich gelegt hatte, fuhr der alte Mann fort:

„Daß ich da recht saudumm geschaut hab', wie ich unten an dem Bahndamm gelegen bin, das könnt ihr euch ja denken. Erst habe ich einmal meine Rippen gezählt, ob sie auch noch alle beieinander waren. Wie ich den Eindruck gewonnen hatte, daß noch alles ganz war, rapple ich mich denn aus dem Schnee hoch, suche meine fünf Sinne wieder zusammen und kraxele wie'n Nordpolforscher den Damm 'rauf, meistens auf allen vieren.

Es war nur ein Trost, daß es den anderen auch nicht viel besser ergangen war. Wie ich oben war, erfuhr ich die Bescherung. Natürlich hatte das dreigedoppelte Kamel, der Karl Hägele, den Gang eingeschaltet gelassen. Kein Wunder also, daß vom Anwerfen des Motors der ganze Wagen einen Satz gemacht hat. Die andern drei Helden sind im Wagen drin alle übereinandergeflogen, und ich hörte gerade noch den Schluß der feierlichen Ansprache, die der Baurat dem armen Hägele hielt. Dem war das Greinen näher als das Lachen.

Der Versuch, den Motor anzukurbeln, wurde noch etliche Male wiederholt, aber mehr als ein unwilliges „Böh — böh —" war aus ihm nicht herauszulocken.

Nun war wirklich guter Rat teuer. Es wurde außerdem noch finster, die Uhr ging schon auf fünfe, und bei unserer Zuckelei war kostbare Zeit verstrichen. Aber irgend etwas mußte geschehen! Der Baurat schlug denn auch vor, Hägele und ich sollten mal nach dem Motor sehen und Hillebrand nach der nächsten Fernsprechbude laufen — sofern überhaupt eine vorhanden war — und in Bietigheim anfragen, ob nicht vielleicht gerade eine Maschine frei wäre, die uns abschleppen könnte.

Gesagt, getan. Hillebrand machte sich auf die Strümpf', und wir zwei begannen, den Laden abzumontieren. Hägele machte den Vergaser ab, ich schraubte die Zünder heraus. Ach du lieb's Hergottle, die sahen ja aus! Daß der Karren nicht schon hinter Heilbronn stehengeblieben war, das wird ewig ein Rätsel bleiben. Ich hatte Pfoten wie 'n Kaminkehrer, so verrußt waren die Dinger. Die Benzinleitung zum Vergaser war auch total verstopft, Karl stocherte mit 'm Draht drin

„Hau ruck!", kommandierte der Baurat, und Hägele drehte die Anlaßkurbel.

herum und dann kam immer noch nichts. Mein schlechtes Gewissen hatte doch recht gehabt. Der Mann in Heilbronn hatte mir vielleicht Benzol eingefüllt oder zumindest total verschmutztes, ungereinigtes Benzin. Am Ende hatte er das gar nicht gewußt.

Kinder, war das eine tolle Sauerei. In der Dunkelheit, bei Kälte in so 'nem verbauten Karren, wo man nicht richtig dazu kann! Hillebrand hatte auch nichts ausgerichtet. Eine Lokomotive hatten sie nicht in Bietigheim, aber dafür sei der am andern Ende der Leitung fuchsteufelswild gewesen. Wir sollten uns ja aus'm Gleis fortscheren. In 'ner Viertelstunde käme der Schnellzug aus Berlin, und wenn wir den aufhielten, dann sollte uns ein Heiligsiedigsdonnderwetter holen.

Der hatte gut reden. Wie sollten wir aus dem Gleis kommen?

Zurück konnten wir wohl, weil's ja bergab ging. Aber wie weit: Wäre die Schaukel bis Besigheim gerollt? 'nauf konnten wir auch nicht, also blieb uns nur übrig, die alte Schiffschaukel wieder flott zu kriegen.

Hillebrand kam auf die Idee, das Benzin herauszulassen und erst mal zu sieben. Das sagt sich so leicht. Im Tank waren mindestens so an die 80 Liter drin. Wohin sollten wir die sieben? Und womit?

Schließlich fiel uns ein, daß wir ja noch einen Reservetank hatten, in den so an die 10 Liter hineingingen. Der war leer, da konnten wir wenigstens so viel hineinfüllen, daß wir bis Bietigheim kamen. Der Baurat und Hillebrand machten sich an die Arbeit. Zum Glück war ein alter Kanister im Wagen, in den ließen sie das Benzin rein. Weil nun aber kein Sieb vorhanden war, mußte Hillebrand sein Schnupftuch opfern. Dabei ging noch die Hälfte von der Flüssigkeit daneben. Kinder, war das ein Theater! Und dann hättet ihr mal den Kleister sehen sollen, der sich in dem Schnupftuch sammelte, es war einfach zum Weinen!"

Der Erzähler mußte abermals eine Pause einlegen, weil das Gelächter seine Stimme übertönte. Die Männer hielten sich den Bauch vor Lachen.

„Mensch, Schünnemann, das hätte ich sehen mögen. Filtern das Benzin mit'm Schnupptuch! Hahahahahaha!"

„Ja, ihr habt gut lachen", brummte Schünnemann grantig, „was willst du denn machen, wenn du nichts bei dir hast? Du wärest natürlich erst ins nächste Dorf gelaufen und hättst dir 'n Kaffeesieb geborgt. Aber so gescheit sind wir eben nicht gewesen."

Es dauerte eine geraume Weile, bis wieder Ruhe eintrat und der kleine Mann fortfahren konnte.

„Als ich meine Zünder sauber hatte, waren die andern auch mit dem Gesiebe fertig. Wir bauten den ganzen Laden wieder zusammen, gerade zur rechten Zeit, denn bergabwärts, am nächsten Signal pfiff schon der D-Zug wie wild. Der mußte dort anhalten, und die Lokmannschaft wird nicht schlecht geflucht haben, daß sie in der Steigung anfahren mußten.

Es war völlig finster geworden, als wir drei endlich an die Kurbel griffen. Ich faßte mit dem Hägele zusammen an. Der Baurat kommandierte: „Hau — ruck!"

Böh — böh — böh — — !

Nochmal, hau — ruck!

Pardauz! 's gab einen großen Knall und den üblichen Ruck, aber auf einmal — es klang wie Musik in unseren Ohren — fing doch tatsächlich die Mühle an zu tuckern. Kinder, wir haben alle vier hurra gerufen. Wie die Wiesel haben wir unsere Siebensachen eingepackt. Hillebrand schickte mich wieder auf den Führerstand und ich gab denn langsam Gas. Ach, war das 'n Gefühl, als sich die Karre wieder in Bewegung setzte. So gefreut habe ich mich selten in meinem Leben. Ich war doch damals noch jung. Da nahm man so etwas noch viel tragischer als heute. Aber ausgesehen haben wir, na, wie die Mohren.

Wir bullerten denn langsam mit einem zehner Tempo den Buckel 'nauf. In Bietigheim stand schon der Aufsichtsbeamte am Bahnsteig, und ich höre ihn heute noch rufen, als wir herankamen: ‚Wo kommet denn ihr her!?'

Aber als er den Baurat sah, ist er gleich still gewesen.

Ja, was soll ich noch erzählen? Wir ließen den D-Zug vorbei. Hägele und ich siebten den Rest vom Benzin, nach dem wir uns das entsprechende Gerät geholt hatten. 's war eine Heidenarbeit und wir brauchten eine ganze Stunde. Zuletzt schütteten wir den Rest, der noch in unserem Kanister war, dazu.

Das hätten wir aber nicht tun sollen.

Wie wir fertig waren, ging's wieder los. Wir kamen auch ein schönes Stück vorwärts, aber hinter Asperg fing der Motor wieder an zu stottern. Ich hatte schon eine Heidenangst, daß wir auf der Steigung nach Ludwigsburg 'nauf wieder liegen bleiben würden. Nein, wir schafften es gerade noch, aber als wir über die Einfahrtsweichen holperten, da war's passiert. Ganz langsam hat der Motor diesmal seinen Geist aufgegeben. Noch nicht mal mit einem Knall. Nichts in der Welt hat ihn wieder zum Leben erweckt. Wir konnten kurbeln, so viel wir wollten — der Motor hatte keine Lust mehr.

Aber nun war der Baurat wütend, weil wir immer noch nicht zu Hause waren und es schon auf sieben Uhr ging.

Na, ich will es kurz machen. Wir hatten Glück. Zwei Blocks hinter uns kam ein Güterzug angeschnauft. Da wir gerade im Bahnhof standen, wurde unsere Schaukel einfach mit dem Kuppeleisen hinten angehängt. Auf diese Weise sind wir wenigstens sicher nach Stuttgart gekommen. Bei dem tollen Tempo, das der Güterzug drauf hatte, verging nochmals eine volle Stunde, bis wir endlich zu Hause waren, müde, verdreckt, hungrig, verfroren — und die Nase restlos voll."

Wir atmeten alle auf, als Schünnemann geendet hatte. Der alte Oberlokführer Grote ergriff zuerst das Wort.

Da können wir ja direkt froh sein, Hannes, daß du damals wieder heil zurückgekommen bist. Hat's denn von oben her nichts gegeben? Oder war alles in Ordnung, weil der Baurat dabei war?"

„Doch, der Hillebrand hat einen Anpfiff gekriegt, weil er den D-Zug aufgehalten hat. Aber sonst habe ich nichts gehört."

„Nun sag mal, Hannes, warum ist denn euer Benzinwagen damals in Ludwigsburg wieder stehengeblieben?"

Der kleine Mann lachte verschmitzt.

„Leut, ihr werdet's net glaube, 's isch aber wahr. I hab' mi immer gwundert, warum der Hillebrand damals so kleinlaut gwese isch, als wir in Ludwigsburg hielten. Am neckschte Tag stellte sich in der Werkstatt die Bescherung heraus. Isch doch dem Hillebrand, wie er mit dem Baurats 's Benzin gefiltert hat, sei zerbrochene Zigarr' in de Kanischter neigefalle! Er hatte sie als sparsamer Mann in sei Sacktüchle neigewickelt und in der Hitze des Gefechts net mehr dran gedacht, als er 's Tüchle zum Filtern gnomme hat. Später, als er den Verlust gemerkt hat, hat er sich nix zu sage getraut. Der Tabak, 's waret ja nur Krümele, hat dann richtig die Leitung verstopft. Das Gelächter am andere Tag, als die Leut in der Werkstatt 'm Hillebrand seine Zigarrereschtle aus'm Benzinrohr gfischt habet, des könnt ihr euch denke!"

Wir haben noch lange gelacht. Der kleine Mann verstand so lustig zu erzählen, daß das Zimmer noch Minuten vom Gelächter der Maschinenmänner widerhallte. Erst später kam er dazu, seine Erzählung zu beenden.

„Hano, so war das damals! Heut isch des älles vergesse. Heut schteiget ihr in eure Salons ein, in die Führerständ' von eure Triebwäge, laßt euch in eure Polster falle, dreht e bissele am Schaltknopf und das Ding brummt ab mit 150 Sachen. Und damals? Unsere allerersten Benzin-Schnauferle? Unsere Stinkadores-Karren? Kinder, Kinder, man muß es selbst erlebt haben, wie riesenhaft der Fortschritt der letschte fünfzig Jahr gewese isch.

Aber mei erschte Fahrt mit der alten Benzinschaukel, die wird mir mein Lebtag gedenke!"

Der weite Weg der Diesellok

Es sah zunächst gar nicht so aus, als solle aus der Verbrennungsmaschine ein ernsthafter Konkurrent für die Dampflok entstehen. Ein Konkurrent, der ihr sogar fünfzig Jahre später den Todesstoß versetzen würde.

Daimler und Benz hatten ihre Motoren zwar ausdrücklich zum Betrieb von Fahrzeugen gedacht. Nun, auf der Straße ging ja die Sache so schlecht und recht voran. Aber auf der Schiene?

Herrjemine!

Genaugenommen ist die Verbrennungsmaschine für den Betrieb eines Eisenbahnfahrzeuges so ungeeignet wie nur möglich. Während die Dampflok alle Voraussetzungen für einen leistungsfähigen Einsatz mitbringt — ihre Zugkraft kann stufenlos in weiten Grenzen verändert werden, die Fahrtrichtung läßt sich schnell und mühelos umkehren, die Maschine ist zeitweilig hoch überlastbar, ihr Aufbau denkbar einfach und aus kräftigen Bauelementen bestehend, die ohne große Schwierigkeiten aus gewöhnlichen Maschinenbaustoffen hergestellt werden können — während die Voraussetzungen der elektrischen Maschine weitgehend mit denen der Dampflok übereinstimmen, weist der Verbrennungsmotor hingegen keinen dieser Vorzüge auf. Er kann nicht aus dem Stand angefahren werden, seine Drehzahl ist nur in Grenzen veränderlich, er erfordert viele und sorgfältig bearbeitete Teile — nun, kein Wunder, wenn man zunächst über diese stinkende, knatternde, ständig versagende Frühgeburt die Nase rümpfte.

Und doch besitzt er Vorzüge, die letzten Endes seinen Sieg entschieden haben.

Sein Wirkungsgrad ist gegenüber der Dampfmaschine rund 3 bis 4 mal besser. Er ist ständig betriebsbereit, ein Druck auf den Anlasser, er läuft, eine Unterbrechung der Kraftstoffzufuhr, er bleibt stehen. Er erfordert geringe Wartung, es gibt keine Zwangspausen zur Wiederherstellung der Betriebsbereitschaft, kein Ausschlacken, kein Rohrausblasen. Die Ergänzung des Betriebsstoffes ist einfach, die Lagerhaltung allüberall möglich, die Beschaffung macht keine Schwierigkeiten, ein damit ausgerüstetes Fahrzeug ist freizügig verwendbar, verlangt keinen Fahrdraht, keinen Wasserkran, keinen Kohlenbansen — nichts dergleichen.

Das sind gewichtige Gründe, die manchen Mangel in anderem Lichte erscheinen lassen.

Und noch eines.

Über dem menschlichen Leben liegt das Gesetz des Fortschrittes. Wir vermögen noch nicht abzusehen, wohin uns dieses Gesetz eines Tages führen wird. Wir wissen nur eines, daß jede Arbeitsmaschine, die der Mensch sich geschaffen hat, die Vorstufe für eine höher entwickelte darstellt. Auf die Steinschleuder folgte der Bogen, auf den Bogen die Armbrust, auf diese die Luntenflinte, auf diese — — — wir wählen dies Beispiel mit Bedacht, weil es uns wie kein anderes dieses Gesetz demonstriert, das aus der Steinschleuder die interkontinentale Rakete werden ließ.

Deshalb ist der Aufstieg der Verbrennungsmaschine der Befriedigung des dem Menschen innewohnenden Fortschrittwillens zu verdanken. Nach diesem ungeschriebenen Gesetz dient sie auch nur als eine Vorstufe für ein Fahrzeug, das wir heute noch nicht kennen, Gasturbine, Atomlok, wer weiß.

Von gesundem Fortschrittswillen waren jene Männer besessen, die den alten Motorwagen, die Benzinschaukel, bei der Württembergischen und Sächsischen Staatsbahn in Dienst gestellt haben, die Unvollkommenheit selber, aber eine zwangsläufige Folge der Entwicklung (Abb. S. 135). Die Preußische Staatsbahn hat seit 1906 eine Reihe Triebwagen mit Benzolmotor und elektrischer Kraftübertragung in Betrieb genommen. Der Motor wirkte auf einen Generator, der Strom für einen elektrischen Fahrmotor erzeugte. Eine sonderlich ins Gewicht fallende Konkurrenz zu den üblichen Fahrzeugen war ihnen nicht beschieden. Der Motorwagen vermochte noch nicht einmal die besonders in Süddeutschland gut entwickelten Dampftriebwagen — Triebwagen mit Dampfmaschine — aus dem Felde zu schlagen.

Wundert uns das, wenn wir bedenken, wie unendlich schwer es die Erfindung des Rudolf Diesel gehabt hat, sich überhaupt durchzusetzen? Wie dieser Mann schließlich selbst daran zerbrochen ist? Keine unserer modernen Kraftmaschinen ist wohl so tragikumwittert wie gerade dieser Ölmotor.

Noch ein gutes Jahrzehnt unseres Jahrhunderts verstrich, bis der Dieselmotor seine Kinderschuhe abgestreift hatte und begann, von sich reden zu machen.

Übrigens, eine vierte Kraftmaschine hat das Rennen vorzeitig aufgegeben und ist aus dem Schienenverkehr ausgeschieden: Der Gasmotor. Über einige Versuche an Straßenbahnen ist er nicht hinausgekommen. Nur in Notzeiten suchte man ihn wieder hervor. Sein Einsatz scheiterte an der schlechten Bevorratung des Brennstoffes, der in Gestalt von Gasflaschen mitgeführt oder an Ort und Stelle erzeugt werden mußte (Holzgas).

Es war ein weiter Weg, bis sich der von Rudolf Diesel erfundene Motor im Bahnbetrieb durchgesetzt hat.

Da die Verbrennungsmaschine nicht in der Lage ist, aus dem Stand heraus anzufahren, steht und fällt ihr Betrieb mit der Entwicklung jener Hilfseinrichtung, die die Verbindung zwischen Motor und Treibachse herstellt und die wir als Getriebe bezeichnen.

Aus dem langjährigen Ringen und Suchen, Tasten und Irren der Ingenieure ragen einige Ereignisse besonders hervor, sind einige Männer mehr als die anderen in das Licht der Öffentlichkeit getreten, so daß ihre Namen als Pioniere und Wegbereiter im Gedächtnis bewahrt werden sollten.

Da wurde im Jahre 1906 in der Schweiz eine Gesellschaft für Thermolokomotiven gegründet, der einige Feuerköpfe angehörten, die dem Fortschritt mit Gewalt zum Siege verhelfen wollten. Unter ihnen tat sich der ehemals württembergische Oberbaurat Adolf Klose besonders hervor. Klose war ein namhafter Lokomotivkonstrukteur, dessen Dampfloks seinerzeit beträchtliches Aufsehen erregt hatten und der über ein hervorragendes Konstruktionstalent verfügte. Klose unternahm das Wagnis, die Pläne für eine Diesellok aufzustellen, die von der Motorenfabrik Gebrüder Sulzer in Winterthur in Verbindung mit der deutschen Lokomotivfabrik Borsig ausgeführt wurden. Im Jahre 1912 nahm die erste Diesellok der Welt ihre Probefahrten auf.

Wie alle Kloseschen Konstruktionen blieb sie eine Einmaligkeit. Sie wies die Achsfolge 2'B 2' auf und war mit einem Zweitakt-Vierzylinder-Sulzer Dieselmotor in V-Form von 1000 PS Leistung ausgerüstet, der über eine Blindwelle und Kuppelstangen unmittelbar auf die Treibachsen wirkte. Bei der Anfahrt wurde der Motor mit Druckluft angetrieben, die mit Hilfe eines zweiten Dieselmotors auf der Lok erzeugt und gespeichert wurde. Im Jahre 1913 ist diese Lok auch probeweise auf deutschen Strecken gelaufen.

Ein eigenartiges Fahrzeug, die Versuchsfahrten ließen an Spannung nichts zu wünschen übrig.

Die Maschine, ein Blechkasten nach Art der elektrischen Maschinen, die es um jene Zeit bereits gab, steht auf dem Versuchsgleis in Winterthur. Sie vibriert unter dem Zittern des Dieselmotors, der die Druckluft erzeugt. Ingenieure stehen erwartungsvoll herum, die Ungewißheit über den Ausgang drückt sich auf allen Gesichtern aus.

Das Zeichen zur Abfahrt wird gegeben. Der Preßluftbehälter hat vollen Betriebsdruck erreicht.

Da, ein Zischen, Preßluft strömt in die Zylinder, langsam, ganz langsam setzt sich die Lok in Bewegung, fauchend entweicht die Luft im Takte der Kolbenbewegungen aus den Zylindern, ein neuartiges Auspuffgeräusch. Kaum ist ein flottes Schrittempo erreicht, da — das Zischen verstummt plötzlich, dafür ertönt ein neues Geräusch: Tack — — tack — — tack — tack —tacketacketacketacke — das wohlbekannte Arbeitsgeräusch der Hauptdieselmaschine. Schneller und schneller rollt jetzt die Lok dahin, mächtig donnert der 1000-PS-Motor auf, und bald ist sie unseren Blicken entschwunden.

„Ja — Pustekuchen! Wenn's nur so gewesen wäre!

Leider ist nur das Zischen richtig. Das war das einzige, was einwandfrei funktioniert hat. Die eingeblasene Druckluft hat jedoch die Zylinder so stark abgekühlt, daß die Zündung des eingespritzten Brennstoffes nur sehr schwer zu erreichen war, meistens gar nicht. Also wurde eine Dampflok dahintergespannt, die mit lustigem Schnauben die Dieselschwester anschob, bis deren wohlvertrautes Tacketacketacke verkündete, daß sie nunmehr mit eigenen Kräften zu fahren in der Lage war. Die Dampflok blieb mit quietschenden Bremsen stehen, und die Diesellok bullerte lustig davon.

Ob das der Weisheit letzter Schluß war?

Nachdem man das Spielchen einige hundert Mal wiederholt hatte, verlor man schließlich die Lust daran. Man meinte, daß die Lok, deren Anfahrchancen denen eines Lotteriegewinnes entsprachen, doch wohl nicht das richtige sei und im Betrieb zu Schwierigkeiten führen müßte. Man konnte doch nicht an jedem Bahnhof eine Dampflok stationieren, nur um den Dieselapparat wieder anzuschieben. Die Lok verschwand mit Beginn des Krieges, nachdem sie eine Weile von den Experten des In- und Auslandes bestaunt worden war.

Und doch brachten diese Versuche eine für die weitere Entwicklung fundamentale Erkenntnis; diejenige, daß ein unmittelbarer Antrieb bei der Diesellok nicht möglich ist.

Den Versuchen wohnte ein russischer Eisenbahningenieur bei namens Georg Vladimir Lomonossow.

Es war einer der wenigen, die klar erkannten, daß trotz des Fehlschlages der Versuche die Zukunft dem Dieselmotor gehörte.

Die Weltgeschichte geht krumme Wege. Die Weiterentwicklung der Diesellok verlagert sich nach Rußland, und Lomonossow, seit 1921 Volkskommissar für das Eisenbahnwesen, wird ihr Wegbereiter.

Es würde zu weit führen, wollten wir im einzelnen den mitunter verschlungenen Pfaden der Entwicklung nachspüren. In den zwanziger Jahren bekam der Benzinmotor etwas Oberwasser, na, welterschütternd waren die Erfolge nicht. Die Maschinenfabrik Esslingen nahm sich in Zusammenarbeit mit Lomonossow der Diesellok an. Eine Reihe Loks entstanden, teils mit Zahnrad-, mit elektrischer und mit Druckluftübertragung. Bei der letzteren wählte man einen neuen Weg. Der Dieselmotor wurde mit einem Kompressor gekuppelt, der Druckluft erzeugte, die nach Art der Dampflok in Kolbenzylindern Arbeit leistete und die Maschine über Treibstangen in Bewegung setzte. Eine jener Versuchsloks hat auch bei der Deutschen Reichsbahn Dienst getan, die 1928 gebaute und heute schon sagenhafte V 3201 (Abb. S. 101).

Das war die erste Diesellok, die schon ein richtiges V vor der Nummer aufwies, wie es sich bis 1967 bei den Dieselloks gehalten hat (siehe auch die Tabelle S. 152).

Nun, viel war auch nicht mit ihr los, obgleich sie besser als die Urahne von 1912 gelungen war. Sie konnte sich doch wenigstens mit eigener Kraft in Bewegung setzen und hat einige Jahre die Eisenbahnstrecken um Stuttgart herum unsicher gemacht.

Aber um 1930 traten Ereignisse ein, die dem Motorfahrzeug einen entscheidenden Stoß versetzten, einen Ruck nach vorn, derart, daß es ganz plötzlich im Mittelpunkt des Geschehens stand.

Beginnen wir mit einer Begebenheit, die lediglich von einem kleinen Kreis von Fachleuten zur Kenntnis genommen wurde.

Im Jahr 1905 hatte der deutsche Ingenieur Hermann Föttinger ein Getriebe erfunden, das vollständig von den hergebrachten Bauarten abwich. Es ist seit dieser Zeit unter mehreren Namen im Handel, weil sich verschiedene Firmen seiner angenommen haben. Nennen wir den Oberbegriff: Flüssigkeitsgetriebe oder hydraulischer Antrieb. Im Jahre 1931 stellte die Firma Henschel einen Schienenomnibus mit Benzinmotor und Föttingergetriebe in Dienst.

Man möchte sagen: Das Ereignis jener Zeit! Aber es verblaßte vollkommen vor dem, was sich anderweitig auf den Schienensträngen tat.

Schon im Jahre 1924 war in Heidelberg eine Gesellschaft zur Schaffung von Schnellverkehrsmitteln gegründet worden, eine Art Fortsetzung der alten Studiengesellschaft Marienfelde—Zossen. Wir erwähnten schon, daß in den goldenen zwanziger Jahren das Eisenbahnwesen starken Auftrieb erhielt, dem leider die Wirtschaftskrise ein jähes und unverhofftes Ende bereitete. Neue Wege wollten die Ingenieure Opel und Sander mit ihrem Raketenwagen gehen, der aber eine Einzelerscheinung blieb, da kein praktischer Wert abzuleiten war. Die Versuche gipfelten lediglich in einer Fahrt, die der Raketenwagen am 23. 6. 1928 unternahm und dabei die phantastische Geschwindigkeit von 254 km/h erreichte — allerdings unbemannt.

Von den Vorstellungen der erwähnten Gesellschaft waren auch die Ingenieure Kruckenberg und Stedefeld ergriffen, die einen Schnelltriebwagen entwickelten, der in seiner Art einzig dasteht. Er besaß nämlich einen — Propellerantrieb.

Jawohl, wir haben richtig gehört, einen Propellerantrieb. Das Neue an dem Fahrzeug bestand nicht in der Art der Krafterzeugung, das besorgte ein normaler 500-PS-BMW-Flugmotor, sondern in der Art der Kraftübertragung. Kruckenberg und Stedefeld setzten sich über alle strittigen Fragen einfach hinweg, der Adhäsionsantrieb wurde aufgegeben und statt dessen eine Luftschraube verwandt.

Der außerordentliche Vorteil des Antriebs liegt auf der Hand. Im Gegensatz zu allen anderen Getrieben, deren Schwerfälligkeit, Einrücken der Gänge usw. hinlänglich bekannt ist, gestattet eine Luftschraube durch einfaches Gasgeben eine stufenlose und damit ideale Geschwindigkeitsregelung. Der antreibende Motor kann bis zur Höchstleistung alle Stufen durchlaufen. Da Getriebe und sonstiger Ballast wegfielen, war es möglich, das Fahrzeug leicht zu bauen. Der Triebwagen wog nur 18 Tonnen und faßte 40 Personen (Abb. S. 133).

Der 18. Oktober 1930 ist ein denkwürdiger Tag in der Geschichte des deutschen Eisenbahnwesens. Eine festlich gekleidete Menschenmenge stand auf dem Hauptbahnhof Hannover, Gäste, die an der ersten Fahrt des neuen Schienenzeppelins teilnehmen sollten. Es war aber auch wirklich ein Zeppelin der Schiene, wie man ihn sich eindrucksvoller nicht wünschen kann. Das silbern gestrichene Fahrzeug lief lediglich auf zwei Achsen, seine Form war neuartig und den damals so beliebten Luftschiffen entlehnt, sie entsprach der Schnittigkeit einer Flugmaschine. Das Heck war strömungsgünstig abgeflacht, am bemerkenswertesten stach die große Luftschraube an seinem oberen Teil hervor.

Na, ob die Gäste alle von der Sicherheit des Unternehmens überzeugt waren, ist nicht erwiesen. Nicht wenige mögen erschrocken gewesen sein, als mit lautem Dröhnen die Luftschraube angeworfen wurde und Hüte über die Gleise rollten.

Man wußte nicht recht, war man nun in einem Bahnhof oder auf dem Rollfeld eines Flugplatzes. Den Fahrgästen mochte das wohl selbst nicht ganz klar sein. Jedenfalls, als der Aufsichtsbeamte die Fahrt frei gab und dann schnell zurücktrat, als die Luftschraube aufheulte und Kruckenberg Gas gab, da hat wohl mancher einen Stoßseufzer vor sich hin gemurmelt.

Der Schienenzepp startete. Ja, es war ein Start! Die Luftschraube dröhnte lauter und lauter, langsam schob sich das Fahrzeug vom Bahnsteig, glitt über die Ausfahrtsgleise, von einer jubelnden Menschenmenge bestaunt, und schwenkte in die Strecke nach Celle ein.

Aber dann ging es los! Dann gab Kruckenberg Gas, daß eine Staubwolke aufwirbelte. Nach 30 Sekunden hatte man 50 km/h erreicht, nach 60 waren es 90, nach 90 sec 120, und als zwei Minuten nach dem Start — äh, nach der Abfahrt natürlich — verstrichen waren, da brummte der Zepp bereits mit 150 Sachen über die Gleise.

Aber schneller durfte er nicht, das war verboten. Am Ende hätte er sich noch von den Gleisen abgehoben und wäre ein Stückchen durch die Luft gesegelt.

Schienenbus der Sächsischen Staatsbahn aus dem Jahre 1912

Es war die Sensation des Tages.

Aber es war eine einmalige Sensation. Bei allen Vorzügen, trotz der einwandfreien Funktion des Fahrzeuges, stellte sich heraus: So ging es nicht. Wohl machte der Wagen anschließend eine Rundfahrt durch Deutschland. Aber das war alles. Es zeigte sich, daß der Propellerantrieb im Eisenbahnnetz herkömmlicher Bauart nicht anwendbar ist. Er hätte zumindest einen eigenen Bahnkörper erfordert. Man stelle sich vor, welch starken Seitenwind eine hochtourige Luftschraube erzeugt. Auf Bahnhöfen darf sie sowieso nur langsam laufen. Auch bei Fahrten durch Kurven, Haltepunkte, Hallen, bei der Vorbeifahrt an Gebäuden, Stellwerken, Signalen usw. müßte sie ständig gedrosselt werden, eine Maßnahme, die ihrem Zweck zuwiderlaufen würde. Zudem war der Betrieb des Wagens für die Eisenbahner selbst nicht ungefährlich, denken wir nur an die Schrankenwärter, Streckenarbeiter und andere, an denen das Fahrzeug mit seinem großen Luftwirbel vorüberbraust.

Ein weiterer Mangel war, daß die Fahrtrichtung nicht umzukehren ging. Jedes Fahrzeug kommt aber um eine gelegentliche Rückwärtsfahrt nicht herum. So schied der Wagen trotz des schönen Erfolges aus dem praktischen Betrieb aus.

Man hat ihn dann im Jahre 1931 umgebaut und mit zwei 600-PS-Otto-Motoren und Flüssigkeitsgetriebe ausgerüstet. In dieser Bauform hat er auf der Strecke Hannover — Celle bei Burgwedel eine Viertelminute lang eine Geschwindigkeit

Der berühmte „Fliegende Hamburger“ war der erste deutsche Schnelltriebwagen mit dieselelektrischem Antrieb, der einen planmäßigen Schnellverkehr einleitete.

von 230 km/h erreicht, er war lange Zeit das schnellste deutsche Eisenbahnfahrzeug überhaupt.

In beiderlei Gestalt ist der Kruckenbergsche Schienenzeppelin ein entscheidender Wendepunkt in der Entwicklung der Verbrennungsmaschine. Die Impulse, die von diesem außergewöhnlichen Fahrzeug auf die ganze Welt ausgingen, vermag man in ihrer Tragweite erst heute rückschauend ganz zu würdigen.

Aller Blicke wurden nun wieder einmal auf den Triebwagen gelenkt. Es ist interessant, wie sich auch auf dem Gebiet der Verbrennungsmaschine die Entwicklung der Jahrhundertwende, als aus dem Elektrotriebwagen die Elektrolok entstand, wiederholt. Erst mußte der Dieseltriebwagen kommen, ehe aus der Diesellok etwas Gescheites werden konnte. Wir erinnern uns noch einmal an den Unterschied der Fahrzeuggattungen. Der Triebwagen ist sozusagen ein gewöhnlicher Personenwagen, in den zwecks eigener Fortbewegung ein Vergaser- oder ein Dieselmotor eingebaut ist, der über ein Getriebe die Achsen des Wagens antreibt. Die einfachste Form ist der sogenannte Schienenbus, ursprünglich nur ein auf Schienen gesetzter Straßen-Omnibus, später ein den Belangen des Schienenverkehrs eigens angepaßtes Fahrzeug. Derartige Schienenbusse stehen heute auf den Bahnen aller Welt dort im Einsatz, wo es gilt, den Verkehr auf schwach belasteten Strecken aufrechtzuerhalten.

In vergrößerter Form kann der Triebwagen dann im Eilzug- und Schnellzugdienst eingesetzt werden und erfüllt überall dort bestens seinen Zweck, wo sich der Einsatz eines lokbespannten Zuges nicht lohnt. Daß man auch versucht hat, die Dampfmaschine in Triebwagen einzubauen, erwähnten wir schon an anderer

Stelle. Es hat zahlreiche Dampftriebwagen gegeben, zuletzt anfangs der dreißiger Jahre sogar in recht moderner Form. Der Doble-Dampftriebwagen der Lübeck-Büchener-Eisenbahn ist seinerzeit viel beachtet worden.

Daß um 1930 der Triebwagen mit Dieselmotor einen solchen Aufschwung nahm, kann man natürlich auch anders sehen. Man kann sagen: Um 1930 war die technische Entwicklung im Motor- und Getriebebau so weit vorangeschritten, daß man an den Bau größerer Einheiten denken konnte. Ja, schön wär's, wenn in der Technik immer alles entwicklungsgeschichtlich so programmäßig verliefe.

Die Deutsche Reichsbahn fühlte sich durch die Auswertung der Ergebnisse des Schienenzeppelins ermutigt, eigene Versuche zu starten. Im Jahre 1933 erschien der erste Diesel-Schnelltriebwagen auf den Gleisen, das erste Glied einer langen Kette ähnlicher Fahrzeuge, deren letztes Entwicklungsstadium wir in Gestalt der bekannten TEE-Garnituren noch beobachten können. Jener erste Schnelltriebwagen erhielt vom Volksmund den bekannten Namen „Fliegender Hamburger“. Der Wagen bestand aus zwei Teilen, die in der Mitte auf einem gemeinsamen Jacobs-Drehgestell gelagert waren. Den Antrieb besorgten zwei 410-PS-Maybach-Dieselmotoren mit elektrischer Kraftübertragung, also mit Kupplung eines Generators, der Strom für zwei elektrische Fahrmotoren lieferte. Die beiden äußeren Drehgestelle enthielten die Dieselmotoren und Stromgeneratoren, während im mittleren Jacobs-Drehgestell die elektrischen Fahrmotoren untergebracht waren. Der Wagen wies 100 Sitzplätze zweiter Klasse auf.

Das Fahrzeug bewährte sich ausgezeichnet. Es wurde erstmals für Geschwindigkeiten von 160 km/h zugelassen und erfreute sich auch beim Publikum besonderer Gunst. Nach und nach stellte die Reichsbahn auf vielen Hauptstrecken derartige Diesel-Schnelltriebwagen in Dienst, deren letzte Baumuster heute noch vorhanden sind (Abb. S. 133). Einige erhielten versuchsweise hydraulische Getriebe.

Doch nicht nur Diesel-Schnelltriebwagen entstanden. In gleichem Maße wuchsen jetzt auch die kleineren Geschwister in Gestalt von 250 bis 410 PS starken dieselelektrischen Fahrzeugen auf, die in mehreren Varianten erschienen. Der Benzinmotor erhielt endgültig seinen Abschied aus dem Eisenbahndienst.

Mit der Diesellok war aber immer noch nicht viel los.

Die Gründe dafür mögen wirtschaftlicher Natur gewesen sein. Der Einsatz von Dieselmotoren ist von den Ölpreisen auf dem Weltmarkt abhängig. Kohle war damals billig und im eigenen Lande zu haben, Dieselöl teuer und mußte eingeführt werden. Seine Verwendung lohnte sich daher in den dreißiger Jahren nur im Schnellverkehr und bei leichten Fahrzeugen, die trotz des teuren Dieselöls noch billiger fuhren als eine schwere Dampflok. Die Autarkiebestrebungen des sogenannten „Dritten Reiches“ und seine Devisenwirtschaft waren nicht dazu angetan, die Entwicklung der Großdieselmaschine zu fördern. Das wurde erst nach dem Kriege anders, als die Kohle teuer und das Öl konkurrenzfähig auf dem Weltmarkt erschien.

Es hat alles sein Gutes. Diese Beschränkung führte zur Entwicklung kleiner, hochtouriger, leistungsfähiger Motoren, ein Erfolg, der uns heute zugute kommt.

Denn das Ausland, das keine Beschränkungen kannte, blieb bei der langsam laufenden Großdieselmaschine, deren Unterlegenheit sich inzwischen herausgestellt hat.

1935 machte die Reichsbahn noch einmal einen Versuch mit einer 1'C 1' Diesellok von 1400 PS Leistung, diesmal mit hydraulischem Antrieb über Treibstangen. Die Lok erhielt die Reihenbezeichnung V 140 (Abb. S. 101).

Siehe da, das Fahrzeug bewährte sich. Zwar litt es noch an mancherlei Kinderkrankheiten, übertraf aber bei weitem alle Vorgänger. Sollte in technischer Hinsicht das Eis gebrochen sein?

Das Ausland wurde inzwischen auf die Diesellok aufmerksam. Allenthalben entstanden Probeausführungen. Einen Gipfelpunkt stellt in Europa das Jahr 1939 dar, in welchem Henschel für die Rumänische Staatsbahn eine 4400-PS-Lok der Achsfolge 2'Do 1' + 1'Do 2' lieferte, die mit 2 Zwölfzylinder-Sulzer-Dieselmotoren ausgerüstet, die stärkste europäische Maschine vor dem Kriege war.

Dann kam 1945 jener gigantische, jener grandiose Aufschwung der Diesellok, den vorher niemand für möglich gehalten hätte, ein Aufschwung, der so überwältigend war, daß die Dieselmaschine in den USA die Dampflok innerhalb von einigen wenigen Jahren vollkommen verdrängt hat. Zu keiner Zeit seiner über hundertjährigen Geschichte hat das Eisenbahnwesen einen derart tiefgreifenden Wandel erlebt wie in den Jahren nach dem Zweiten Weltkrieg. Ursache war allerdings nicht allein der technische Fortschritt, sondern auch die Geschäftstüchtigkeit der amerikanischen Industrie, insbesondere während der Epoche der Umstellung von der Kriegs- auf die Friedensproduktion, die mit allen Mitteln den Dieselmotor an den Mann gebracht hat, selbst mit Mitteln, die die Grenze des moralisch Vertretbaren und Erlaubten überschritten. Nagelneue Dampfloks wurden aufgekauft und verschrottet. Die hochqualifizierten Dampfloks der Neuen Welt wurden durch teure und vielteilige Dieselmaschinen ersetzt, deren Wirtschaftlichkeit sehr zu wünschen übrigließ. Insofern mußte die Dampflok zwar dem Fortschritt, aber dem amerikanischer Ausführung weichen. Sie wurde buchstäblich dem Profitstreben einzelner Industriemagnaten geopfert.

Nun, darüber ist längst wieder Gras gewachsen.

Doch jetzt, nachdem wir uns mitten in der Gegenwart befinden, kommen uns Gewissensbisse, weil wir eine Unterlassungssünde begangen haben. Denn während der Betrachtung der Dieselmaschine ist ein schrecklicher Verdacht in uns aufgetaucht.

Der Verdacht nämlich, daß mancher unserer Leser gar nicht weiß, wie denn das Innenleben einer Diesellok beschaffen ist.

Es wird allerhöchste Zeit, daß wir in dieser Hinsicht auch die geringsten Verdachtsmomente aus dem Weg räumen und uns genau wie bei den Elloks mit der Technik des Bahndiesel ein wenig auseinandersetzen.

Aber keine Angst. Diesmal ist es noch einfacher. Der Dieselmotor ist vom Kraftfahrzeug her wohl jedem geläufig, so daß wir uns über seine einzelnen Teile nicht weiter auszulassen brauchen. Auch im Eisenbahnbetrieb sind die handelsüblichen Ausführungen, sei es als Reihen- oder als V-Motor, sei es als Zwei- oder Viertakter, gang und gäbe. Natürlich wird an Leistung allerlei Mumm verlangt, deshalb ist auch die Zylinderzahl entsprechend hoch. Wir fahren mit 8-, 12- und 16-Zylinder-Maschinen. Der Motor ist bei der Diesellok auf einem großen Längsträger, dem Hauptrahmen, gelagert, er wird elektrisch in Gang gesetzt, seine Drehzahl schwankt je nach Type und liegt etwa zwischen 500 und 1800 U/min, wobei — wie schon erwähnt — in Deutschland die hochtourigen Ausführungen üblich sind. Die Leistung des Motors wird durch Veränderung der Drehzahl geregelt.

Eine große Rolle spielt beim Bahndieselmotor die Aufladung, und es ist notwendig, uns über diesen Begriff klar zu werden. Wir wissen, daß beim Diesel Brennstoff und Luft getrennt in den Verbrennungsraum im Zylinder eingeführt werden, daß dieses Gemisch infolge Selbstentzündung durch die Verdichtungswärme der Luft (beim Kompressionshub) gezündet wird.

Wenn wir nun durch besondere Mittel mehr Luft bzw. Ladegemisch in den Verbrennungsraum einführen, läßt sich die Leistung des Motors um 40 bis 70% steigern, ja, sogar bis zu 100%!

Dieser Vorgang heißt Aufladen.

Das geschieht durch eine Abgas-Turbine, die mittels Gebläse die Ladeluft vorverdichtet und damit mehr Sauerstoff in die Zylinder gelangen läßt. Die Motoren fast aller deutschen Dieselloks arbeiten nach diesem Verfahren, während des im Ausland nicht allgemein gebräuchlich ist. Dadurch erklärt sich auch, daß unsere deutschen Maschinen bei verhältnismäßig kleinen Motoren eine hohe Leistung aufweisen. Durch Ladeluftkühlung hat man in letzter Zeit die Leistung noch um ein weiteres heraufschrauben können.

Das Drehmoment der Kurbelwelle des Motors muß auf die Treibachse übertragen werden. Wir hörten, wie groß und schier unlösbar dieses Problem jahrelang gewesen ist. Stellen wir kurz die Lösungen zusammen, die sich als zweckmäßig herausgebildet haben.

Für Maschinen kleiner Leistung bis etwa 300 PS ist auch heute noch die mechanische Übertragung gebräuchlich. Es gibt mehrere Arten von Getrieben, die sich von denen des Kraftwagens grundsätzlich dadurch unterscheiden, daß sämtliche Zahnräder in Eingriff sind und das Schalten durch Ein- oder Ausrücken von Klauenkupplungen oder auch Reibungskupplungen geschieht. Das Kuppeln wird mittels Luft- oder Öldruck besorgt. Die Gänge werden vom Lokführer mit Hilfe des Fahrschalters eingeschaltet, der aber die Besonderheit aufweist, daß zwischen jeder Schaltstufe eine Leerlaufstellung vorgesehen ist, damit Gewähr besteht, daß der ausgeschaltete Gang auch wirklich ausgeschaltet ist. Einen derartigen Antrieb besitzen zum Beispiel die Schienenbusse der Deutschen Bundesbahn. Der Fahrer regelt die Treibstoffzufuhr zum Motor mit einer Art Gaspedal.

Die verbreitetste Art der Kraftübertragung ist zur Zeit immer noch die elektrische. Mit dem Diesel ist ein Gleichstromgenerator fest verbunden. Der erzeugte Strom fließt den Fahrmotoren zu, meist Gleichstromreihenschlußmotoren, deren Vorteil wir bei der elektrischen Lok schon erkannt haben. Je höher die Drehzahl des Motors, desto höher sind Spannung und Strom am Generator. Die Geschwindigkeit wird mittels des Fahrschalters geregelt, der über einen Fliehkraftregler die dem Zylinder einzuspritzende Kraftstoffmenge bestimmt.

Wir hörten, daß auch die alten Diesel-Schnelltriebwagen mit dieselelektrischem Antrieb ausgerüstet waren.

Die Deutsche Bundesbahn hat sich jedoch für den hydraulischen Antrieb entschieden. Er zeichnet sich durch ein geringeres Baugewicht und ein Minimum an Verschleißteilen aus.

Der hydraulische Antrieb beruht auf der Erfindung Hermann Föttingers, der als erster erkannt hat, daß bei Änderung des Bewegungszustandes einer Flüssigkeitsmenge bestimmte Kräfte wirksam werden. Bringen wir die ganze Angelegenheit auf einen einfachen Nenner. Mit dem Motor ist eine Kreiselpumpe gekuppelt, deren Schaufeln einen kräftigen Ölstrom in Bewegung setzen. Dieser Ölstrom drückt auf die Schaufeln einer mit der Treibachse gekuppelten Turbine, die nun ebenfalls in Bewegung gerät. Anschließend, nach Arbeitsleistung durch Antrieb der Turbine, passiert der Ölstrom ein Leitrad, eigentlich kein richtiges Rad, sondern mehr ein mit dem Gehäuse verbundener Schaufelkranz, der den Ölstrom wieder in die für die Kreiselpumpe richtige Richtung dirigiert. Danach geht der Kreislauf von vorn los.

Dieser Leitschaufelkranz ist aber nun das Ei des Kolumbus. Fehlt er, so haben wir eine einfache hydraulische Kupplung vorliegen. Ist er aber vorhanden — und Föttinger legte Pumpe, Turbine und Schaufelradkranz sogar in ein einziges Gehäuse — so kann das Drehmoment des Motors von der Anfahrt bis zu einer bestimmten Geschwindigkeit stufenlos gewandelt werden. Wir sprechen daher auch von „Drehmomentwandler“.

Die Bedienung des hydraulischen Getriebes ist nun denkbar einfach. Sie erfolgt nämlich — gar nicht. Auf dem Führerstand sind lediglich Schalter und Einrichtungen für die Bedienung des Motors vorhanden. Wer unserer Darstellung aufmerksam gefolgt ist, weiß, daß sich die Geschwindigkeit entsprechend der Drehzahl des Motors selbsttätig reguliert. Lediglich Vor- und Rückwärtsfahrt müssen durch Zahnradgetriebe geschaltet werden, da der Wandler immer nur in einer Richtung läuft. Unsere großen Dieselloks, die vielfach mit dem Voith-Getriebe ausgerüstet sind, besitzen mehrere Wandler, deren hydraulische Übersetzungen verschieden sind. Der betreffende Wandler wird einfach durch Füllen oder Entleeren des Öls ein- oder ausgeschaltet, so daß sich eine allen Anforderungen genügende Abstufung von Drehzahl und Geschwindigkeit ergibt.

Bei dem vielfach verwendeten Mekydro-Getriebe der Firma Maybach ist einem Wandler ein Zahnradgetriebe nachgeschaltet, das wiederum in bewährter Weise mittels Klauenkupplungen bedient wird.

Vom hydraulischen Getriebe aus wird das Drehmoment mittels kardanischer Wellen auf die Treibachsen übertragen (Gelenkwellenantrieb).

Moderne Dieseltraktion auch bei der DR in Mitteldeutschland: Reisezuglok V 100, jetzt 110, in Dresden aufgenommen

In der Sowjetunion werden die leistungsfähigen diesel-elektrischen V 200, jetzt 120, der DR gebaut. Sie laufen bei vielen Bahnen des Ostblocks.

Moderne Diesellok der SNCF, Reihe 040 DG. Sie kann bis zu 1900 PS entwickeln, besitzt aber dieselelektrischen Antrieb.

Diesel-Doppellok der Sowjetischen Staatsbahnen, Reihe TE-2, vor Güterzug auf der Moskauer Ringbahn

Welch ein Zwerg ist die deutsche 220 (Bild oben vor Schnellzug bei St. Goarshausen) gegen die dreiteilige 5000-PS-Diesellok der Southern Pacific. Das untere Bild zeigt sie vor dem Shasta-Daylight am Odellsee in Oregon.

Führerstand eines Dieselschnelltriebwagens

1 Fahrtrichtungshebel
2 Fahrstufenhebel
3 Motor-Anlaß-Schalter Gruppe I
4 Heizscheibe und Scheibenwischer
5 Meldelampen
6 Türen schließen
7 Schienenbremse
8 Lichtschalter
9 Bremssand streuen
10 Geschwindigkeitsanzeige
11 Getriebe einschalten
12 Geschwindigkeitskontrolle
13 Pumpen für Motor
14 Fußhebel für Warnsignal
15 Scheibe heizen, wischen
16 Klingel für Zugpersonal
17 Druckanzeiger für Bremsluft
18 Pult für Fahrschaubild
19 Motor-Anlaß-Schalter Gruppe II
20 Bremsventilhebel
21 Motor für Scheibenwischer

Auch England fährt Diesel. Unser Bild zeigt den bekannten Fern-Zug „The Royal Scot“.

Wie ist das alles im Prinzip so einfach. Wie ist alles so selbstverständlich heute. Ja, man muß nur darauf kommen!

Die Erfindung Föttingers hat 25 Jahre gebraucht, bis sie sich durchgesetzt hatte.

Riesige Dieselmaschinen fahren heute auf den Eisenbahnsträngen des Erdballs, in Kapstadt, in Sibirien, in Kanada und Neu-Seeland. Ihre Leistungen sind überall außerordentlich gewachsen. Besonders in den USA hat sich eine Sonderform herausgebildet. Die dort verwandten langsamlaufenden Motoren haben vielfach nur Leistungen bis höchstens 2000 PS. Im Betrieb werden daher mehrere Lok-Einheiten — „Units" — zusammengekuppelt, von denen jede wohl einen Motor mit Generator, aber nur die voran- bzw. am Schluß laufenden einen Führerstand besitzen. Auf diese Weise kann die für jeden Zug erforderliche Leistung indivi-

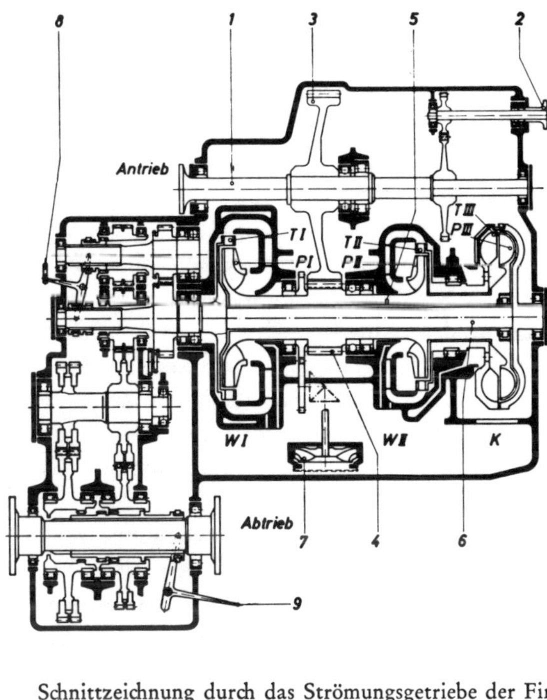

Die im Längsschnitt eingefügten Zahlen und Buchstaben haben folgende Bedeutung:

W I	Anfahrwandler
W II	Marschwandler
K	Strömungskupplung

nach dem Föttinger-Prinzip arbeitende hydrodynamische Kreisläufe

1	Eingangswelle
2	Hilfsabtriebswelle
3, 4	Eingangsübersetzung (Hochgang)
5	Primärwelle mit den 3 Pumpenrädern P I, P II, P III
6	Sekundärwelle mit den 3 Turbinenrädern T I, T II, T III
7	Füllpumpe
8	Schalthebel für Wendeschaltung
9	Schalthebel für Stufenschaltung

Schnittzeichnung durch das Strömungsgetriebe der Firma Voith L 218 rs, eingebaut in die Diesellok 216 der Deutschen Bundesbahn.
(Zeichnung: Voith Getriebe KG., Heidenheim)

Das Anfahren besorgt der Anfahrwandler W I, der etwa bis zu einer mittleren Geschwindigkeit arbeitet, der folgende Marschwandler W II übernimmt den Bereich bis zu etwa 4/5 der Endgeschwindigkeit. Den oberen Geschwindigkeitsbereich übermittelt schließlich die Strömungskupplung K. Dieses Schaltsystem hat einen annähernd konstanten Verlauf der Zugkraft zur Folge, der dem Drehmomentverlauf des mit dem Turbogetriebe zusammenarbeitenden Dieselmotors entspricht.

Das Getriebe L 218 rs besitzt eine im Stillstand zu betätigende Stufenschaltung zur Erhöhung der Anfahrzugkraft, für Fahrten auf Steigungen und für schweren Güterzugdienst.

Das Füllen und Entleeren der beiden Wandler und der Kupplung wird in Abhängigkeit vom Motordrehmoment durch eine innere Steuerung besorgt, die durch einen mit dem Motor gekuppelten Fliehkraftregler ausgelöst wird. Der Lokführer betätigt lediglich den Fahrschalter.

duell zusammengestellt werden. Oft finden wir drei bis vier Einheiten hintereinandergekuppelt, die dann natürlich mitunter 8000 PS ergeben. Unter den europäischen Bedingungen hat sich diese Betriebsweise nicht durchgesetzt (Abb. S. 123).

Nicht nur in Amerika, auch in Europa ist die elektrische Kraftübertragung weit verbreitet. In Deutschland verlief die Entwicklung anders. Schon von den Triebwagenbauten vor dem Kriege und der V 140 001 her hat sich eine gewisse Vorliebe für den hydraulischen Antrieb herausgebildet, eine Vorliebe, die inzwischen ihre Berechtigung so überzeugend nachgewiesen hat, daß Deutschland heute auf diesem Gebiet führend in der Welt ist. Während des Krieges hatte die Wehrmacht für ihre Zwecke eine Reihe kleiner Dieselloks bauen lassen, die später als V 20 und V 36 (Abb. S. 103) an die Bundesbahn kamen. Ab 1950 setzte dann eine Neuentwicklung ein, die uns in der Reihenfolge ihres Erscheinens die 280, 220, 260, 211, 216 und 232 brachte (Abb. S. 162—163). Diese Maschinen haben sich bestens bewährt und werden auf Jahre hinaus neben den Elektroloks den Grundbestand des deutschen Lokparks bilden. Das Programm ist so vielseitig gestaltet, daß auch die extremsten Aufgaben der Zugförderung damit bewältigt werden können, angefangen vom leichten Rangierdienst bis zum schwersten Gebirgs-Güterzugdienst. Das Bauprogramm entspricht den von der UIC*) und der ORE**) für alle europäischen Bahnen aufgestellten Typenprogrammen.

Eine Besonderheit gilt es noch bei Diesellokomotiven zu erwähnen. Die bis zum Jahr 1965 gebauten Typen außer der 236 und 260 haben eine Heizkesselanlage für die Zugheizung eingebaut. Ein kleines ölgefeuertes Dampfkesselchen sorgt im Winter für angenehme Wärme in den Abteilen. Die Leistung solcher Anlagen ist natürlich begrenzt, man will daher auch bei den Dieselloks zu elektrischer Heizung übergehen. Die Lokomotivtype 217 ist daher mit einem zweiten Dieselmotor von 500 PS Leistung für die Zugheizung, die 219 mit einer 900-PS-Gasturbine ausgerüstet, die über das hydraulische Getriebe einen elektrischen Heizgenerator treibt.

Selbstverständlich wird der Dieselmotor auch weiterhin im Triebwagenbau verwandt, sei es als Schienenbus der Bauarten 795 und 798 (Abb. S. 135), sei es als Schnelltriebwagen 608 (Abb. S. 79), als Nahtriebwagen 624 oder im modernen Gewande des 601, Trans-Europ-Express (Abb. S. 78). Und schließlich spielt er noch eine gewichtige Rolle im Klein- und Kleinstbetrieb, besonders als 230-PS-Lok der früheren Baureihe Köf, die seit 1960 in größerem Umfang in Dienst gestellt wird. Die Kleinloks haben sich schon seit 1929 für den Verschiebedienst auf Unterwegsbahnhöfen eingebürgert (Abb. S. 102).

Wenig bekannt ist, daß die Deutsche Bundesbahn auch zwei dieselelektrische Einzelgänger besitzt, die 288, ein Überbleibsel aus dem Kriege, die aber inzwischen durch den Einbau von Motoren der 220 modernisiert worden sind (Abb. S. 102).

*) UIC = Union Internationale des Chemins de Fer — Internationaler Eisenbahnverband
**) ORE = Office de Recherches et d'Essais de l'UIC — Versuchsamt der UIC

Die Zukunft hat schon begonnen

Es ist merkwürdig.

Wenn von Giganten der Schiene die Rede ist, denken wir unwillkürlich noch immer an die Dampfloks, besonders an die riesigen Exemplare der amerikanischen Bahnen.

Denn mit dem Begriff des Giganten verbinden sich Vorstellungen von Größe und Allgewalt, von etwas Überdimensionalem und beinahe etwas Furchtbarem. Trifft das nicht allein auf die Dampfloks zu, auf jene — fast möchte man sagen — „Saurier“ unserer technischen Vorstellungswelt?

Insofern sind unsere Begriffe einem Wandel unterworfen. Noch vor wenigen Jahren schien uns eine Mallet-Dampflok, eine 2 D 2-Niagara, eine Hudson der New York Central oder die H-8 der Chessie, oder die T 1 der Pennsy oder ein „Big Boy“ — je nach Geschmack — der Inbegriff aller Lokomotivherrlichkeit zu sein.

Was waren das für Giganten „par excellence!“ Leistungsmäßig sind sie nie geschlagen worden. Die großen modernen Niagara-Loks haben es glatt mit drei oder vier Dieseleinheiten aufgenommen, und ein „Big Boy“, 2′D(D′2) gekuppelt, ist sowieso über derartige Vergleiche erhaben. Er beförderte einen Güterzug billiger als fünf Dieseleinheiten!

Aber fünf Dieseleinheiten sind fünf Loks, die beliebig getrennt und zusammengekuppelt werden können, je nach verlangter Leistung. Einen „Big Boy“ kann man nicht in fünf Teile zerlegen.

Da liegt der Hase im Pfeffer.

Der Fortfall von Wasserkränen, Bekohlungsanlagen, Ausschlackgruben, Bahnwerkstätten macht Ersparnisse aus, die früher einmal unwesentlich waren, aber heute, bei sinkenden Betriebseinnahmen, von entscheidender Bedeutung sind.

Die Proportionen haben sich verschoben. Unsere heutigen Giganten sehen anders aus. Sie sind äußerlich kleiner, unscheinbarer als die Dampfloks.

Aber sie haben es in sich!

Sie sind leuchtend rot oder blau oder grün angestrichen. Sie heißen 220 oder 150, TEE — Trans-Europ-Express — oder „Rheingold“, sie heißen „Mistral“ oder „Ticino“. Sie verbinden technische Höchstleistung mit erlesenem Komfort, erfüllen höchste Ansprüche an Fahreigenschaften und Zugkraft. Mit 5000 PS Maschinenleistung rollen unsere TEE-Züge über die Schienenstränge ganz Europas als Inbegriff der modernen Eisenbahn. Strecken, auf welchen Geschwindigkeiten von 140 km/h gefahren werden, sind schon seit Jahren eingeführt.

Im Jahre 1962 ist erstmalig für einen deutschen Zug, für die neue Garnitur des „Rheingold-Expreß“, eine Geschwindigkeit von 160 km/h zugelassen worden, dies auf dem Streckenabschnitt Karlsruhe — Freiburg, der alten badischen Rennbahn. Eine Serie von Elektroloks der Reihe 110 hat zu diesem Zweck extra ein anderes Übersetzungsverhältnis zwischen Motor und Treibrädern erhalten, damit die Höchstgeschwindigkeit von 150 auf 160 km/h gesteigert werden konnte. Der Zustand von 1939 war damit wieder erreicht, und das Jahr 1962 hat eine besondere Bedeutung. Doch die Eisenbahn muß noch schneller, noch komfortabler, noch gigantischer werden, wenn sie gegen Kraftverkehr und Luftfahrt bestehen will.

Schon zeichnet sich eine neue Entwicklungsstufe ab: Die Gasturbinenlok. Und abermals eine weitere: Die Atomlok. Was wir von diesen beiden Kraftmaschinen zu erwarten haben, wissen wir nicht. Es steht bereits eine Reihe Gasturbinenloks in Betrieb, die zu mancherlei Hoffnungen berechtigen. Über die Atomloks wird viel gesprochen, viel Sinnvolles und viel Unsinn. In dieser Hinsicht stehen noch alle Möglichkeiten offen, genauso wie bei vielen anderen Versuchen, eine Modernisierung unseres Verkehrswesens herbeizuführen. Nennen wir nur das Stichwort „Allweg-Bahn", ein erneuter Versuch, mit Hilfe der Einschienenbahn neue Wege zu gehen.

Jede Zeit stellt höhere Anforderungen. Die japanischen Eisenbahnen bauten eine neue Strecke, auf welcher Züge mit einer Geschwindigkeit von 250 km/h verkehren. Es geht heute nicht mehr um einmalige Spitzenleistungen, um Blaue Bänder der Schiene, die Zukunft fordert eine fühlbare Erhöhung der Grundgeschwindigkeit.

Und doch hat die Zukunft schon begonnen.

Die französischen Eisenbahnen haben im Jahre 1961 eine Reihe Versuchsfahrten unternommen, die wir für besonders bedeutsam halten, weil sie uns den Blick auf die künftige Entwicklung freigeben.

Die Versuche sollten der Prüfung dienen, inwieweit es möglich ist, auf einer Strecke der klassischen Bauart ohne vorherige bauliche Änderungen Züge mit Höchstgeschwindigkeiten bis zu 200 km/h verkehren zu lassen.

Die Versuche fanden in der Zeit vom 4. bis 8. Mai 1961 auf der Strecke Straßburg — Mülhausen statt, die zum französischen 50-Hz-Wechselstromnetz gehört. Die Strecke ist für Geschwindigkeiten bis zu 140 km/h zugelassen. Bedingung sollte sein, weder am Gleis noch an den Fahrzeugen, Lok und Wagen, irgend etwas zu ändern. Lediglich die Radreifen wurden der größeren Sicherheit halber gegen solche einer Konizität von 1/40 statt bisher 1/20 ausgetauscht, die einzige Konzession, die man an die Geschwindigkeit machte.

Der Versuchszug bestand aus der Zweifrequenzlok BB 20 103 und fünf Wagen von insgesamt 220 t Gewicht, darunter vier normale Reisewagen und der Meßwagen der Division des Études de Traction électrique.

Nach einer Reihe von Probeläufen fand am 8. Mai die entscheidende Fahrt statt. Die französischen Eisenbahnen besitzen genügend Routine in der Durchführung derartiger Versuche. Die Strecke war in ihrer gesamten Länge abgesperrt. Man hatte sogar in den Bezirken, wo mit hohen Geschwindigkeiten zu rechnen war, Warnschilder für die Bevölkerung aufgestellt. Die Geschwindigkeit war während der Durchfahrt durch die Städte begrenzt worden, und auch in den Bergbaugebieten sollten aus Sicherheitsgründen nicht mehr als 140 km/h gefahren werden.

Da bei dieser Fahrt erstmalig ein neuentwickelter Stromabnehmer zum Einsatz kam, erhielt der Meßwagen eine Filmkamera eingebaut, die Abnehmer und Fahrdraht auf der Strecke im Bilde festhielt.

Das Wetter war nicht sehr günstig, als der Lauf begann. Es blies ein Westwind von ca. 30 km/h Geschwindigkeit, die Lok mußte bis Colmar gegen den Wind fahren.

Verfolgen wir einmal kurz das Fahrtprotokoll. Mit normaler Geschwindigkeit verläßt der Versuchszug den Hauptbahnhof Straßburg. Für die Ausfahrt sind 30 km/h vorgeschrieben. Nach 1085 m Strecke erreicht der Zug schließlich 115 km/h, die zunächst noch eingehalten werden müssen. Erst nach Verlassen des Straßburger Weichbildes wird auf volle Geschwindigkeit gegangen. Bei Kilometerstein 16,9 hat der Zug 190 km/h erreicht. Die Lok verhält sich auffallend ruhig, die Querschwingungen sind sehr gering.

Entsprechend dem Versuchsprogramm soll nun die Geschwindigkeit soweit wie möglich gehalten werden. Und sie wird gehalten. Kurven bis zu 1500 m Radius werden anstandslos mit 180 km/h genommen, ohne daß die Lok Zeichen von Unruhe gibt. Dabei gilt es zu bedenken, daß es sich um Krümmungen mit normaler Überhöhung handelt.

Schlettstadt wird mit 180 km/h durchfahren, Colmar allerdings nur mit 150. Viele Zuschauer haben sich an der Strecke postiert, um Zeuge dieses historischen Schauspiels zu werden. Wie erwähnt, wird die Fahrt im Bergbaugebiet auf 140 km/h ermäßigt. Nach genau 40 min 20 sec, von Halt zu Halt gemessen, erreicht der Zug Mülhausen. Bei einer Streckenlänge von 108,3 km entspricht diese Zeit also einem Reisedurchschnitt von 161 km/h. Die Spitzengeschwindigkeit von

190 km/h konnte über eine Strecke von 60 km hinweg gehalten werden. Die Anfahrleistung der Lok betrug 7500 PS. Da die BB 20 203 eine zweimotorige Lok ist, brachte diese Fahrt einen hervorragenden Sondernachweis für die Leistungsfähigkeit dieser Bauart.

Der Versuch hat gezeigt, daß vom maschinentechnischen Standpunkt aus keine Schwierigkeiten bestehen, die Zuggeschwindigkeit auf derartige Werte zu steigern. Sie ergab, daß auch Wagen und Gleis den Belastungen gewachsen sind. Schwierigkeiten bereitete lediglich die Sicherung der Strecke, da praktisch Bahnübergänge, Haltepunkte, Bahnsteige usw. von Reisenden und Passanten freigehalten werden müssen, um Unfälle infolge des starken Fahrwindes zu vermeiden.

Die französischen Versuche sind von den Eisenbahnen der ganzen Welt mit größter Aufmerksamkeit verfolgt worden. Ihre Bedeutung für die Gestaltung des Verkehrs in den nächsten Jahren ist grundlegend.

Die Deutsche Bundesbahn hat diese französischen Versuche mit großer Aufmerksamkeit verfolgt. Um wettbewerbsfähig zu bleiben, mußte auch sie ihren Fahrgästen besondere Leistungen bieten. Im Jahre 1963 wurden daher ebenfalls Versuchsfahrten mit zwei umgebauten Lokomotiven der Baureihe 110 — es waren dies die denkwürdigen Nummern E 10 299 und E 10 300 — auf der Strecke Bamberg — Forchheim durchgeführt. Dabei erreichte die Lok E 10 299 erstmals am 28. 10. 1963 die 200-km/h-Marke. Die alte E 19 02 war geschlagen. Aufbauend auf den Ergebnissen dieser Fahrten wurden dann die vier ersten Lokomotiven einer neuen Typenreihe für höchste Geschwindigkeiten entwickelt, die im Sommer 1965 auf der Internationalen Verkehrsausstellung in München gezeigt wurden. Während der Ausstellung wurden bereits Züge zwischen München und Augsburg im 200-km/h-Tempo gefahren.

Die Versuchsfahrten bestätigten, daß es ohne weiteres möglich ist, dort, wo es die Linienführung der Strecke zuläßt, so schnelle Züge zu befördern, besonders nachdem es gelang, mit Hilfe der sogenannten Linienzugbeeinflussung, bei der Impulse einer zwischen den Schienen verlegten Sendeantenne an einen Empfänger der Lok übermittelt werden, ein Höchstmaß an Sicherheit zu erzielen. Der Lokführer tritt mehr und mehr seine Funktion an die elektronische Steuerung ab, die schon lange vorher über die Linienzugbeeinflussung den Stand der Signale übermittelt bekommt. Im Jahre 1966 lief der Fernschnellzug „Blauer Enzian" erstmals planmäßig zwischen München und Augsburg 200 km/h und man kann mit Fug und Recht sagen, daß hier die Zukunft auch auf den deutschen Eisenbahnstrecken begonnen hat. Schon gehen Überlegungen dahin, die Geschwindigkeit bis auf 250 km/h, also bis zur Grenze des im praktischen Betrieb Realisierbaren, zu steigern. Unsere alte Eisenbahn ist heute jünger als je zuvor.

Eine neue Zeit hat begonnen. In wenigen Jahren werden die meisten europäischen Hauptstrecken elektrifiziert sein. Auf den übrigen Bahnen wird der Verkehr ausschließlich mit Dieselloks und Dieseltriebwagen durchgeführt werden. Geschwindigkeiten von 180 bis 200 Stundenkilometer gehören auf vielen Bahnen zur künftigen Fahrplangestaltung.

Die Dampflok räumt das Feld. Man wird sie im Museum bewundern und sagen: Was es alles schon gegeben hat!

Das Dröhnen gewaltiger Dieselmaschinen, das Heulen rasender Elektrozüge ist die künftige Begleitmusik unseres Verkehrswesens.

Und unsere Nachkommen werden einmal gar nichts dabei finden.

*

Mit diesen Worten schlossen die ersten fünf Auflagen unseres Buches von den Giganten der Schiene. Nur wenige Jahre sind nach jener Feststellung und den letzten sachlichen Korrekturen vergangen, da stellen wir fest, wie vieles sich inzwischen gewandelt hat. Wie das, was gestern noch als modern, als zukunftsträchtig, als der technischen Weisheit letzter Schluß angesehen wurde, heute bereits überholt, veraltet, uninteressant ist. Die ersten Auflagen dieses Buches enthielten noch das Kapitel „Auf der stärksten Diesellok der Welt". Wir hatten damals den Führerstand einer der im Jahre 1961 von Krauss-Maffei für zwei USA-Bahnen gebauten dieselhydraulischen Lokomotiven von 4000 PS Leistung besucht und uns über diesen Diesel-Riesen nicht genug wundern können.

Die Wirklichkeit verlief ganz anders. Die Amerikaner sind mit diesem Giganten nicht zurechtgekommen, die Maschinen haben im dortigen rauhen Betrieb über die Gebirge und Wüsten des Westens auf den Strecken der Southern Pacific und der Denver and Rio Grande Western Railroad angeblich nicht befriedigt, sie sind längst aus dem Betrieb gezogen und verschrottet, kein Mensch spricht mehr von ihnen.

Auf der anderen Seite ist eine Leistung von 4000 PS für eine Diesellok heute durchaus keine Seltenheit mehr. Bald nach dem Bau jener Maschinen für die USA haben die Sowjetunion, China, vor allem aber Frankreich gleich starke oder sogar noch größere Loks in Betrieb genommen. Jenseits des Rheins ist der Strukturwandel in der Zugförderung — wir kennen inzwischen dieses Schlagwort — schneller als in Deutschland vorangekommen. Dort brauchte man immer leistungsfähigere Lokomotiven für die nicht elektrifizierten Strecken. Schon 1960 stellten die Franzosen Versuche mit zweimotorigen Diesellokomotiven von 4800 PS Leistung und teils hydraulischer, teils elektrischer Kraftübertragung an. Das waren die Reihen BB 69 000 und CC 70 000. Obwohl diese Loks befriedigten, kamen bald darauf stärkere Motoren auf den Markt, so daß Frankreich zum Bau leichterer, einmotoriger Lokomotiven überging. Es entstanden die sechsachsigen dieselelektrischen Lokomotiven der Reihe CC 72 000, die imstande sind, Schnellzüge von 450 t Gewicht mit 140 km/h zu befördern und vor Güterzügen von 1500 t Gewicht noch mit 85 km/h über die Gleise zu brummen.

Dieses Streben nach der einfachen einmotorigen Diesellok macht sich bei allen europäischen Bahnen bemerkbar. Die British Railways stellten im Jahre 1968 sogar die stärkste einmotorige Diesellok der Welt in Dienst — damals, müssen wir hinzufügen, denn aus unserem Beispiel mit den US Maschinen wissen wir, daß solche

Größenbegriffe schnellem Wechsel unterliegen. Das ist die berühmte „Kestrel" — die Briten geben ihren Loktypen oft romantische Namen, denn Kestrel heißt Turmfalke. Auch die „Kestrel" besitzt einen 4000-PS-Motor, ist aber im Gegensatz zu anderen Dieselloks für eine Höchstgeschwindigkeit von 200 km/h ausgelegt.

200 km/h! Was ist doch im Verlauf weniger Jahre aus unseren Dieselmaschinen geworden. Das ist doch noch gar nicht lange her, daß wir in Frankfurt oder Hamburg oder Stuttgart unsere deutsche V 200 (jetzt heißt sie 220) bewundert haben, wenn sie sich vor den Schnellzug legte und dann die Bahnhofshalle von ihrem mächtigen Brummen aufdröhnte. Was bedeuten ihre 2000 PS heute schon? 1962 kam ihre verbesserte Ausführung mit zwei 1350-PS-Motoren als Reihe 221 heraus. Auch sie ist überholt, genauso wie die mächtige V 320, jetzt 232, die ein Einzelgänger geblieben ist. Neue Erkenntnisse führen zu neuen Wegen.

Die Deutsche Bundesbahn schenkt der Diesellok große Aufmerksamkeit, denn sie soll auf den nicht elektrifizierten Strecken ähnlich bemerkenswerte Leistungen wie die Elloks auf den großen Hauptbahnen vollbringen. Als besonders vielversprechend hat sich die 1960 entstandene damalige V 160, jetzige 216, erwiesen. Aus ihr ist eine ganze Familie von einmotorigen Dieselloks mit höchstens 21 t Achslast entwickelt worden, die sich glänzend bewährt haben. Schwierigkeiten bereitete allerdings die Zugheizung. Das in den Dieselloks ursprünglich eingebaute Dampfkesselchen reichte höchstens für 10 D-Zugwagen aus. So ging man auch auf den nicht elektrifizierten Strecken zur elektrischen Heizung über, die ein vom Hauptdiesel angetriebener Generator besorgte. Es entstanden die Lokreihen 217 — 218 — 219, wobei die 218 mit ihrem Zwölf-Zylinder-Motor von 2500 PS Leistung und elektrischer Heizung zumindest bis 1975 Standardlok des Diesel-Reisezugbetriebs werden soll.

Doch damit ist die Entwicklung noch nicht abgeschlossen. Die Deutsche Bundesbahn besitzt eine Reihe schwieriger Strecken, die nicht elektrifiziert werden, wo jedoch hohe Zugleistungen verlangt werden, denken wir nur an die steigungs- und kurvenreiche Allgäubahn Lindau — Kempten oder an die berühmte „Schiefe Ebene" zwischen Lichtenfels und Hof. Dort sind zur Stunde immer noch Dampflokomotiven der Baureihe 001 bei der Arbeit, die Züge die Steigung hinaufzubefördern. Um hier Wandel zu schaffen, mußte die Leistung der 218 weiter verstärkt werden. Man griff zur Gasturbine, die uns vom Flugzeugbau her geläufig ist. Warum sollte sie nicht auch auf dem Schienenstrang verwendbar sein? Insbesondere die aus dem Hubschrauber-Bau bewährte Ausführung bot sich an. So rüstete man die 218 zusätzlich mit einer 1200-PS-Gasturbine aus, die als „Booster", also zur Verstärkung der Maschinenleistung auf schwierigen Strecken dienen soll. Die Loks erhielten die neue Reihenbezeichnung 210 und wurden Ende 1970 in Dienst gestellt (Bild Seite 145).

Ist das die Zukunftsvision unserer Diesellokomotiven? Schon spricht man von Gasturbinen mit 4000 bis 5000 PS Leistung und ihrer Installierung in den Triebköpfen der TEE- und Inter-City-Triebzüge der Reihen 601 und 602 oder deren

Der Kruckenbergsche Schienenzeppelin, ein Versuch, neue Wege im Verkehrswesen zu suchen

Vierteiliger Schnelltriebwagen der Deutschen Reichsbahn bei Schwarzenau im Waldviertel

Die osteuropäischen Bahnen verwenden vielfach Dieseltriebwagen der ungarischen Firma Ganz, so auch die Tschechische Staatsbahn mit ihrer Garnitur für den „Vindobona“-Schnelltriebwagen.

Der „Tsubame“, ein moderner japanischer Elektro-Expreß

Das ist sie, die alte „Benzinschaukel" der Württembergischen Staatsbahn, der erste Triebwagen mit Daimler-Motor aus dem Jahre 1900.

Und hier ihr 50 Jahre jüngeres Ebenbild, der 795 der DB

Trans-Europ-Expreßzug (TEE) der Deutschen Bundesbahn im Hauptbahnhof Frankfurt a. M.

Neubau als Reihe 603. Mit der neu in Entwicklung begriffenen gleisbogenabhängigen Wagenkastensteuerung und vollklimatisierten Fahrzeugen sollen Fernschnellzüge mit Geschwindigkeiten von 200 bis 250 km/h befördert werden. So scheint unser Eisenbahnwesen auch von dieser Seite her im Umbruch begriffen. Wir vermögen es heute noch nicht zu übersehen. Eines nur steht fest: Auch in der Dieseltraktion werden in wenigen Jahren Leistungen von 5000 PS der Normalfall sein, wobei neben der leichten, einmotorigen Großdieselmaschine die Gasturbine eine entscheidende Rolle spielen wird. Frankreich unternimmt seit Jahren Versuche mit Gasturbinenwagen, sie verkehren zwischen Paris und Cherbourg. Dort sieht die Entwicklung ebenfalls Fahrzeuge mit eingebauten Hochleistungs-Turbo-Jet vor, die planmäßig 250 bis 300 km/h laufen sollen.

Gleisbogenabhängige Wagenkasten-Steuerung wurde erwähnt. Welche Neuerung verbirgt sich dahinter?

Nun, die Erhöhung der Fahrgeschwindigkeit scheitert vielfach an den zu engen Kurven unserer mehr als hundert Jahre alten Bahnstrecken. Man könnte schneller fahren, ließe sich die äußere Schiene stärker erhöhen. Doch das geht nicht, weil man damit rechnen muß, daß ein Zug in solch einer Kurve einmal zum Halten kommt. Dann könnten die Wagen umstürzen. Der Erfindergeist machte auch vor diesem Problem nicht halt. Mit Einführung der Luftfederung im Fahrzeugbau bot sich die Möglichkeit an, die seitlich zwischen Wagenkasten und Drehgestell liegenden Federbälge unterschiedlich mit Luft zu füllen oder zu entleeren, so daß sich der Wagenkasten unabhängig vom Fahrgestell in der Kurve noch weiter nach innen neigen kann. Eine elektronische, über ein Pendel und einen Kreisel ansprechende Wagenkasten-Steuerung regelt selbständig den Grad der Neigung in der Kurvenfahrt. Der Fahrgast empfindet dabei die Fliehkraft nicht mehr. Liegt hierin das Geheimnis verborgen, die Geschwindigkeit auf den Bahnstrecken weiter zu steigern? Die neuen dreiteiligen 900 PS-Dieseltriebwagen der Reihe 614 (Bild Seite 145) sind jedenfalls mit dieser Neuerung ausgerüstet.

Noch komfortabler, noch schneller — so lautet die Devise im heutigen Schienenverkehr, denn den Eisenbahnen ist in der Luftfahrt ein bedrohlicher Konkurrent erwachsen. Wohl konnten sie sich gegen den Kraftwagen im Hinblick auf unsere verstopften Straßen immer noch behaupten. Auch der Luftverkehr leidet unter den langen und zeitraubenden Fahrten zwischen Stadt und Flughafen, während der Bahnhof meist mitten in der Stadt liegt. So zwingt die Konkurrenz die Bahn einfach dazu, schneller zu sein.

Während der Internationalen Verkehrsausstellung 1965 — wir erwähnten es bereits — lief erstmals in Deutschland ein Zug, von einer Lok der neuen Baureihe E 03 — jetzt 103 — gezogen, zwischen München und Augsburg die damals außergewöhnliche Geschwindigkeit von 200 km/h. Inzwischen gibt es weitere Strecken, wo derartige Geschwindigkeiten gefahren werden, in Deutschland vor allem zwischen Hannover und Uelzen, wobei die ganze Strecke Hannover — Hamburg für Tempo 200 eingerichtet werden soll. Das ist ja weniger eine Frage der Lokomotivleistung als vielmehr des Sicherungswesens, denn so schnell kann nur gefahren werden, wenn entsprechende Bremseinrichtungen vorhanden sind und die ganze Strecke kreuzungsfrei angelegt ist. Das Linienleitersystem ist soweit vervollkommnet, daß elektrische Züge schon heute ohne weiteres automatisch gesteuert werden können. Die Versuche auf der Strecke Bamberg — Forchheim, über die wir berichtet haben, fanden weltweiten Anklang. Die automatische Zugsteuerung soll besonders im Triebwagenverkehr unserer Stadtbahnen angewandt werden, und die Zeit wird kommen, wo der Lokführer überflüssig wird, vielmehr das Stellwerk den ganzen Zuglauf regelt oder der Fahrplan in dem Computer der Lokomotive einfach gespeichert wird.

Doch in diesem Buch ist von den Giganten der Schiene die Rede. Da hat die Deutsche Bundesbahn im Jahre 1970 einen neuen Versuch unternommen, dessen Ausgang interessant zu werden verspricht. Die Elektrolok 103 118 der DB wurde probeweise für eine Höchstgeschwindigkeit von 250 km/h ausgerüstet. Das bedeutet eine Spitzenleistung von 10 000 PS! Wird es also künftig möglich sein, daß etwa der „Blaue Enzian" mit 250 km/h über die Schienen braust? Oder der TEE „Rheingold" zwischen Mannheim und Basel nur noch einen Bruchteil seiner jetzigen Fahrzeit benötigt? Wir vermögen es nicht zu sagen, die Zukunft wird weisen, inwieweit derartige Projekte durchführbar sind. Die Triebfahrzeuge sind jedenfalls hierfür bereits vorhanden.

Das gleiche gilt für viele Staaten unserer Erde. Die Leistungen der Tokaido-Strecke in Japan als mondernster Bahn Asiens erwähnten wir schon früher. Dort ist eine zweite Strecke für 250—300 km/h im Bau, vielleicht verwirklicht man dort, was sich bei uns noch im Projektstadium befindet? Frankreich stellte im Herbst 1969 die ersten Zweifrequenz-Lokomotiven für das dortige Gleich- und Wechselstromnetz in Dienst, die in der Lage sind, vor einem 600-t-Zug in der Ebene 200 km/h zu fahren. Auch ihre Leistung steigt auf 10 000 PS. Ausgangspunkt für die Entwicklung jener Maschinen war der „Mistral", jener berühmte Schnellzug, dessen Fahrt wir in diesem Buch auf dem Führerstand miterlebt haben. Sein Zuggewicht ist inzwischen auf 800 t angestiegen. Für den Lauf Paris — Lyon werden ihm nur noch 4 Stunden zugestanden, in Kürze weniger. Die Giganten der Reihe CC 21 000 sollen künftig seine Traktion übernehmen, und in zehn Jahren wird unsere beschriebene Fahrt längst der Geschichte angehören. Es werden Pläne laut, die ganze Strecke Paris — Lyon für 300 km/h Höchstgeschwindigkeit einzurichten.

Die Zukunft hat schon begonnen — so lautet die Überschrift vor diesem Kapitel. Das gilt nicht nur für die Entwicklung auf den Bahnen konventioneller Bauart, deren Betrieb sich im Prinzip nicht verändert hat — mehr noch für die Neuentwicklungen auf unkonventionellem Gebiet. Schließen wir unser Kapitel mit einem Blick auf die Möglichkeiten, die sich hier aufgetan haben und an deren Verwirklichung ganze Teams von Ingenieuren arbeiten.

In Frankreich gibt es seit einiger Zeit bereits eine 18 km lange Versuchsstrecke für eine Einschienenbahn, auf der ein Luftkissentriebfahrzeug, von einer Turbine angetrieben, verkehrt. Auch in Deutschland existieren Projekte neuer Bahnen. So ist eine große Rollbahn von Hamburg nach München bereits in das Stadium ernsthafter Planung eingetreten. Dessen nicht genug — die Magnetbahn macht mehr und mehr von sich reden und wird bereits im Modell erprobt.

Magnetbahn? Eine umwälzende, technische Möglichkeit, die alle derzeitigen Antriebsmechanismen außer acht läßt und sich den physikalischen Vorgang zunutze machte, daß sich die gleichbenannten Pole zweier Magneten abstoßen, die anderen hingegen anziehen. Dieser Vorgang läßt sich zur Fortbewegung ausnutzen, übersetzt man ihn in die Möglichkeit, daß sich der Magnet des Wagens von dem gleichpoligen, auf der Schiene angebrachten, abstößt. Es sind heute noch Visionen, die sich hieraus ergeben. Wird die Magnetbahn einmal der Gigant des Schienenstranges sein? Werden wir einmal einen Bahnhof völlig anderer Art betreten, eine Sinfonie aus Glas und Beton? Die Rolltreppe oder der Rollsteig bringt uns an den Bahnsteig, wir besteigen den Triebzug, der dort bereitsteht. Eine Stewardeß geleitet uns zu unserem Sitz. Nach kurzer Zeit setzt sich der Zug in Bewegung, wie von Geisterhand getrieben, lautlos, ohne Führer, durch Computer gesteuert. Minuten nur, dann haben wir eine Geschwindigkeit von 500 km/h erreicht. Dann wird wohl kaum ein Reisender noch an die Dampfmaschinen — die sind längst vergessen —, höchstens an die Diesel- oder Elektrolokomotiven wie an ein Märchen zurückdenken.

Wie schlossen die ersten fünf Auflagen dieses Buches?

Und unsere Nachkommen werden einmal gar nichts dabei finden.

Die Bezeichnungsweise der Elektro- und Dieselloks

A. *Bauartbezeichnung*

Die Bezeichnungsweise der motorgetriebenen Lokomotiven lehnt sich an diejenige der Dampfloks an. Dabei kennzeichnet man Laufachsen (nicht angetriebene Achsen) mit arabischen Ziffern, Treibachsen durch Großbuchstaben. Achsen, die beweglich im Hauptrahmen gelagert sind, also z. B. Laufachsgestelle, erhalten das Zeichen '. Eine angetriebene Achse wird mit A, zwei angetriebene, gekuppelte, mit B usw. bezeichnet. Sind die Achsen nicht miteinander gekuppelt, sondern werden sie einzeln durch Motoren angetrieben (Einzelachsantrieb), erhält der betreffende Buchstabe den Zusatz „o".

Ist das Fahrgestell einer Lok in mehrere Achsgruppen unterteilt, beispielsweise in zwei Triebgestelle, die nur den Kastenaufbau gemeinsam haben, erhält der betreffende Großbuchstabe ebenfalls das Zeichen '. Die Lok der Gattung 110 der DB heißt also: Bo'Bo'.

Sind im vorliegenden Fall mehr als eine Ziffer oder Buchstabe vorhanden, werden sie in Klammern gesetzt. Beispiel: (1'B) (B1').

Bestehen Loks aus mehreren, getrennt arbeitsfähigen Teilen, die nicht durch einen gemeinsamen Überbau verbunden sind, wird zwischen die einzelnen Gruppen ein + gesetzt. Beispiel: 1′ C + C 1′.

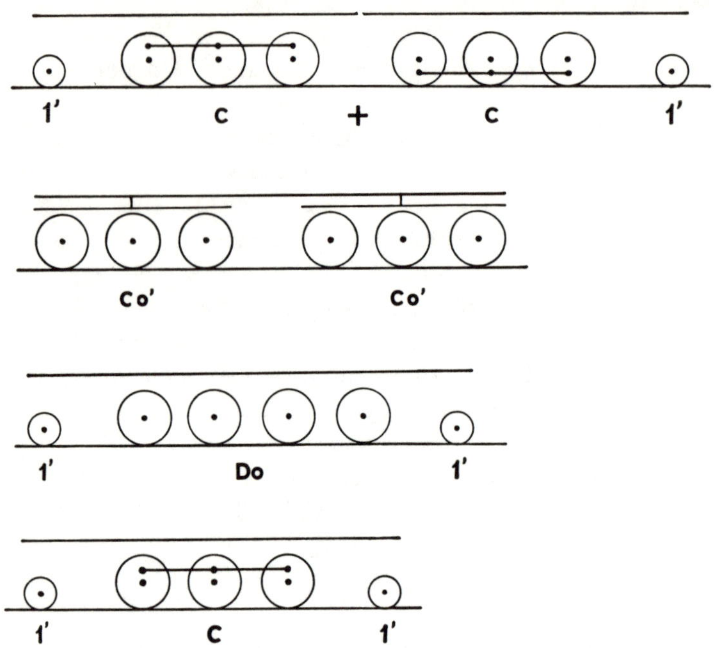

Diese Bezeichnungsweise, die auch den UIC-Vorschriften entspricht, hat sich in Europa allgemein durchgesetzt. Lediglich die USA und andere überseeische Länder verwenden noch ihre von der Dampflok her übliche Radzählung.

Daneben unterschied man bis zum Jahre 1940 auch noch zwischen Schnellzug-, Personenzug- und Güterzugloks. Dieser Unterschied ist heute fortgefallen, da die Motorloks fast durchweg Gemischtzugmaschinen sind, also für mehrere Zuggattungen eingesetzt werden.

In Anlehnung an die nähere Bauartbezeichnung der Dampfloks hat sich auch bei den Elektroloks ein Bedürfnis nach einem beschreibenden Zusatz ergeben. Vorschriften hierbei bestehen nicht, doch hat sich in der Praxis eine Bauartbezeichnung, die aus Kleinbuchstaben und Ziffern nachfolgender Bedeutung besteht, herausgebildet:

Stromart:	a	Speisung durch Akkumulatoren
	d	Drehstrom
	g	Gleichstrom
	w	Wechselstrom

Die Anzahl der Fahrmotoren wird durch eine arabische Ziffer angegeben.
Antriebsart:

e Einzelachsantrieb durch Rahmen- oder Gestellmotoren (Hohlwelle)
k Stangenantrieb ohne Vorgelege
t Einzelachsantrieb durch Tatzlagermotoren
u Stangenantrieb mit Vorgelege

Danach würde die Bauartbezeichnung der 119 vollständig lauten:

1'Do 1' w 4 e

also eine 1'Do 1'-Lok mit 4 Wechselstrom-Fahrmotoren und Einzelachsantrieb.

B. *Gattungsbezeichnungen*

Die deutschen motorgetriebenen Loks tragen an der Seiten- und Vorderwand des Aufbaus eine Betriebsnummer, die sich aus einer dreistelligen Stammnummer und, durch einen Zwischenraum getrennt, einer dreistelligen Ordnungsnummer zusammensetzt.

Durch einen Bindestrich getrennt folgt dann noch eine Kontrollziffer für den Computer. Beispiel:

103 110 — 3

Für die im $16^2/_3$-Hz-Netz betriebenen Elektroloks waren bis zum Jahre 1940 die Stammnummern wie folgt aufgeteilt:

00 — 29	Schnellzugloks mit einer Höchstgeschwindigkeit von über	90 km/h
30 — 59	Personenzugloks mit einer Höchstgeschwindigkeit von	70 — 90 km/h
60 — 99	Güterzugloks mit einer Höchstgeschwindigkeit unter	70 km/h

Dieses Nummernschema wurde im Jahre 1940 mit Indienststellung der Lokgattung E 94 durchbrochen, die zwar entstehungsmäßig im Anschluß an die E 93 eingeordnet wurde, mit ihrer V max von 90 km/h aber auch zum Personenzuggebiet gehört. Seit dieser Zeit ist die strenge Teilung fortgefallen. Die Loks werden nur noch entsprechend ihrem Hauptverwendungszweck eingegliedert.

Nach dem neuen Nummernplan von 1968 sind diese Unterscheidungen gegenstandslos geworden.

Bestand früher eine Lokbaureihe aus mehreren Bauarten, so wurden diese Bauarten durch Hundertnummern getrennt, deren erste Ziffer als Zeiger zur Stammnummer gesetzt wurde. Beispiel:

E 44 001 — 187 = 44^0
E 44 501 — 509 = 44^5

Die Gattungsbezeichnungen im Ausland werden unterschiedlich gehandhabt. Viele Länder verwenden Nummernreihen, andere wieder Buchstaben zur Unterscheidung einzelner Gattungen.

Recht bekannt ist bei den elektrischen Loks die Bezeichnungsweise der Schweizerischen Bundesbahnen. Ihr Gattungszeichen besteht aus einem Bruch, dessen Zähler die Zahl der gekuppelten Achsen, deren Nenner die Zahl der Achsen insgesamt angibt. Vorangestellte Großbuchstaben schaffen eine weitere Untergliederung. Es bedeuten: A = Loks, die schneller als 80 km/h fahren können, B = Loks, deren größte Geschwindigkeit zwischen 70 und 80 km/h liegt, C = Loks, deren größte Geschwindigkeit zwischen 60 und 65 km/h liegt, D = solche zwischen 45 und 55 km/h und E schließlich Rangierloks.

Diesem Großbuchstaben wird bei den Elektroloks ein e, bei den Loks mit Verbrennungsmaschine ein m zugesetzt. Beispiel: Ae 6/6.

Der Bezeichnungsweise für Elektroloks schließt sich die der Motorloks an. Die Deutsche Bundesbahn gab den Motorloks die Stammnummer, die etwa der PS-leistung nach Fortfall der letzten Stelle entspricht. Also V 200 = Lok mit ca. 2000 PS Leistung, V 100 = Lok mit ca. 1000 PS.

Auch diese Unterscheidung ist mit dem neuen Nummernplan von 1968 entfallen.

Das sechsstellige Nummernschema zuzüglich der Kontrollziffer gilt einheitlich für alle Triebfahrzeuge der deutschen Bahnen, also auch die Kleinloks (früher Kb und Kö), Elektro- und Brennkraft-Triebwagen sowie Bahndienstfahrzeuge.

Wir unterscheiden:

Elektrische Lokomotiven	Reihen 101 — 199
Diesellokomotiven	Reihen 201 — 299
Kleinlokomotiven	Reihen 301 — 399
Elektrische Triebwagen	Reihen 401 — 499
Akkumulatortriebwagen	Reihen 501 — 599
Brennkrafttriebwagen (ohne Schienenbusse)	Reihen 601 — 699
Schienenomnibusse und Bahndiensttriebwagen	Reihen 701 — 799
Mittel-, Bei- und Steuerwagen zu elektrischen Triebwagen	Reihen 801 — 899
Mittel-, Bei- und Steuerwagen zu Brennkrafttriebwagen	Reihen 901 — 999

Ähnlich ist das Triebfahrzeug-Nummernsystem der Deutschen Reichsbahn in der DDR. Nur ist die Reihenaufteilung einfacher. Es sind eingeordnet:

Alle Triebfahrzeuge mit Verbrennungsmotor	Reihen 100 — 199
Alle Elektrotriebfahrzeuge	Reihen 200 — 299

An den Kastenseitenwänden der elektrischen und Motorloks sind außer der Betriebsnummer die Heimatdirektion und die Heimatdienststelle (Bw) angegeben. Bei Dieselloks und Dieseltriebwagen außerdem noch das für die Erhaltung zuständige Bundesbahn-Ausbesserungswerk.

Bei dieser Gelegenheit sei erwähnt, daß die DB ihre Loks auch farblich im Anstrich unterscheidet. Elektroloks mit Geschwindigkeiten von über 120 km/h werden blau, alle übrigen grün, Rangierloks aber rot gestrichen. Den roten Anstrich erhalten auch alle Dieselfahrzeuge, Schienenbusse und Kleinfahrzeuge.

Kleine Geschichte der Elektro- und Diesellok

1840	J. P. Wagners elektrische Lokomotive
1879	Erste brauchbare elektrische Lok von Siemens auf der Berliner Gewerbeausstellung
1881	Erste elektrische Straßenbahn der Welt in Berlin
1883	Auf der Weltausstellung in Chikago wird eine elektr. Lok gezeigt
1889	Ein Wagen der elektrischen Bahn in Baltimore erreicht 185 km/h
1891	Eröffnung der hallischen Straßenbahn mit Oberleitung nach System Sprague
1894	Erste elektrische Zahnradbahn von Siemens, Barmen — Toelleturm
1895	Erste elektrische Vollbahn in Deutschland Meckenbeuren — Tettnang, Erbauer Oskar von Miller
1898	Versuche mit Drehstrom auf der Lichterfelder Versuchsstrecke
1899	Erste Drehstromloks auf der Burgdorf—Thun und Valtellinabahn
1900	Vergaser-Triebwagen von Daimler
1901	Erster brauchbarer Wechselstrommotor von Winter und Eichberg
1903	Drehstrom-Versuchstriebwagen der AEG erreicht 210 km/h
1903	Erste Einphasen-Wechselstrombahn der Welt Berlin — Niederschöneweide
1905	Eröffnung der elektrischen Bahn Murnau — Oberammergau, erstmals mit 16-Hz-Wechselstrom
1907	Akkumulatorentriebwagen von Wittfeld
1907	Hamburger Stadtbahn Ohlsdorf — Blankenese wird mit Wechselstrom von 25 Hz eröffnet
1911	Eröffnung des elektrischen Betriebes Dessau — Bitterfeld
1912	Abkommen zwischen Preußen, Bayern und Baden über die gemeinsame Einführung des $16^2/_3$-Hz-Bahnstromes
1912	Erste Groß-Diesellok von Klose/Sulzer/Borsig
1913	Aufnahme des elektrischen Betriebes auf der Wiesentalbahn
1913	Erster Dieseltriebwagen der Welt fährt in Schweden
1916	Eröffnung des elektrischen Betriebes auf der Schlesischen Gebirgsbahn
1923	Erste Diesellok in den USA

1923—27	Lomonossows Großversuche mit Diesellоks in der Sowjetunion
1924—29	Elektrifizierung der Berliner S-Bahn
1926	Erste Ellok mit Einzelachsantrieb der DR, die E 16 (116)
1928	Erster elektrischer Wechselstromschnelltriebwagen fährt auf der Strecke Halle — Leipzig
1928	Diesellok V 3201 mit Druckluftübertragung
1930	E 44 (144) als erste laufachslose Serienlok der DR
1930	Kruckenbergscher Schienenzeppelin
1931	Erster Verbrennungstriebwagen mit Föttinger-Getriebe
1932	Der umgebaute Schienenzeppelin erreicht 230 km/h
1933	Der „Fliegende Hamburger" erster Diesel-Schnelltriebwagen der DR, wird in Dienst gestellt
1934	Die E 18 (118) der DR erhält den Grand Prix auf der Weltausstellung in Paris
1935	Aufnahme des 50-Hz-Betriebes auf der Höllentalbahn
1935	V 140 001, erste dieselhydraulische Großlok der DR
1939	Höchstleistungen des Lokbaus: E 19 und E 94 (119 und 194)
1946	Beginn der großen Verdieselungswelle in den USA
1951	Neues Beginnen in Deutschland: Versuchsserie der E 10 (110)
1953	Die erste V 200 erscheint (220)
1954	Schienenweltrekord in Frankreich mit 331 km/h
1956	Lok-Großserien der E 10, E 40, E 41 und E 50 (110, 140, 141, 150)
1957	Indienststellung des neuen VT 11 — TEE (601)
1960	Erste Zweifrequenzlok der DB, E 320 (182)
1962	Elektrisch gefahrener „Rheingold-Expreß" erhält 160 km/h Höchstgeschwindigkeit
1964	Tokaido-Bahn, Japan, fährt planmäßig 200 km/h
1965	Erste Turbo-Diesellok der DB (Reihe 219)
1965	Deutsche Schnellfahrlok Reihe 103 für 200 km/h
1966	Europa-Lok Reihe 184 als Mehrfrequenzlok für alle europäischen Stromsysteme
1970	Verbesserte Ellok 103 der DB für 250 km/h

Stars der Deutschen Bundesbahn: Der 1971 gebaute Diesel-Triebzug für 140 km/h, Reihe 614, besitzt gleisbogenabhängige Wagenkasten-Steuerung.

Die Dieselloks der Reihe 210, hier vor dem TEE „Bavaria", sind mit einer 1200-PS-Zusatz-Gasturbine ausgerüstet.

Elektrolok für schnelle Reisezüge der mitteldeutschen DR, Reihe 211

Ihre Güterzugvariante Reihe 242 läuft mit kleinerer Übersetzung.

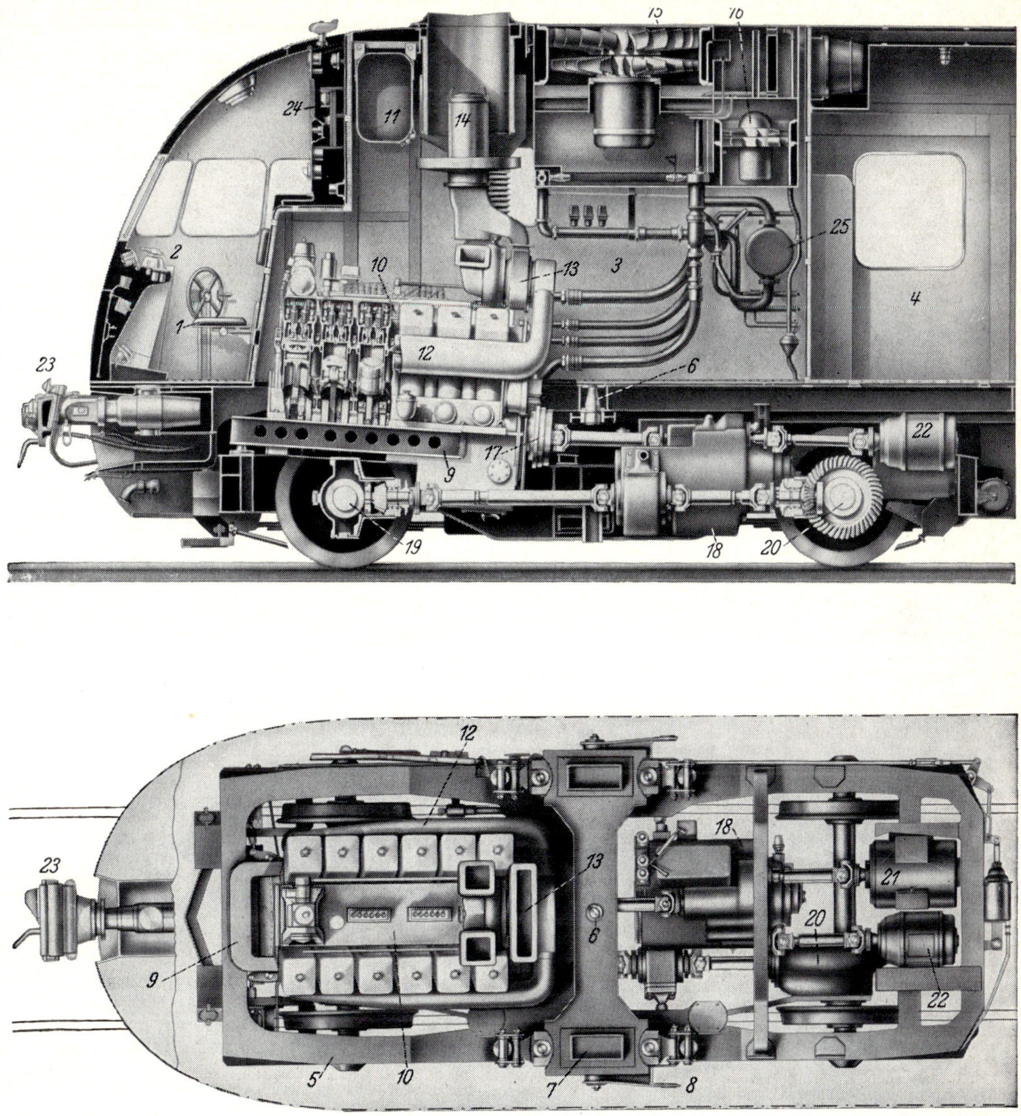

Motorwagenkopf mit Triebdrehgestell zum dreiteiligen Diesel-Triebwagenzug Baureihe 608 für die Deutsche Bundesbahn (oben: Längsschnitt, unten: Drehgestell im Grundriß)

1 Führerklappsitz; 2 Führerpult mit Steuer- und Überwachungsgeräten; 3 Motorkammer; 4 Gepäckraum; 5 Drehgestellrahmen; 6 Drehzapfen; 7 Gleitstücke; 8 Tiefanlenker; 9 Motortragrahmen; 10 Zwölfzylinder-Viertakt-MAN-Dieselmotor in V-Form mit Aufladung, Bauart L 12 V 17,5/21 B m. A. Ne = 800 PS, n = 1400 U/min.; 11 Treibstoffhochbehälter; 12 Auspuffleitungen zur Turbine; 13 MAN-Abgasturbolader, Bauart TV 629; 14 Auspuffdüse; 15 Lüfter für Motorkühlwasser und Getriebeöl; 16 Lüfter für die indirekte Kühlung des Motorenschmieröles; 17 Hochelastische MAN-Gummikupplung; 18 Hydraulisches Getriebe Maybach-Mekydro Mo 32; 19 Vorderer Achsantrieb; 20 Hinterer Achsantrieb; 21 Anlasser- und Lichtmaschine; 22 Lüftergenerator; 23 Automatische Scharfenbergkupplung; 24 Schrank für elektrische Apparate; 25 Wärmeaustauscher zum Vorwärmen der Dieselmotoren durch die Heizanlage

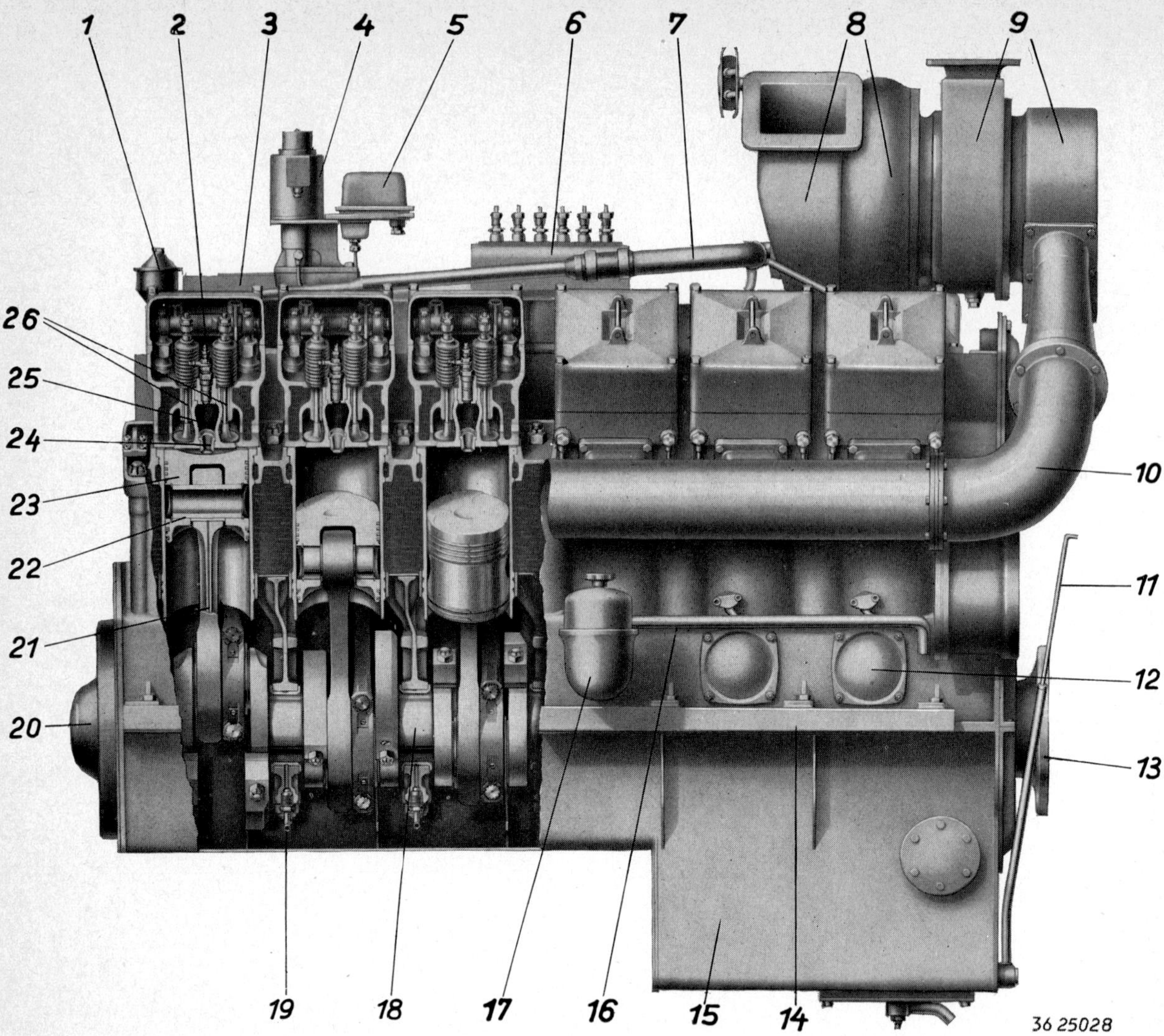

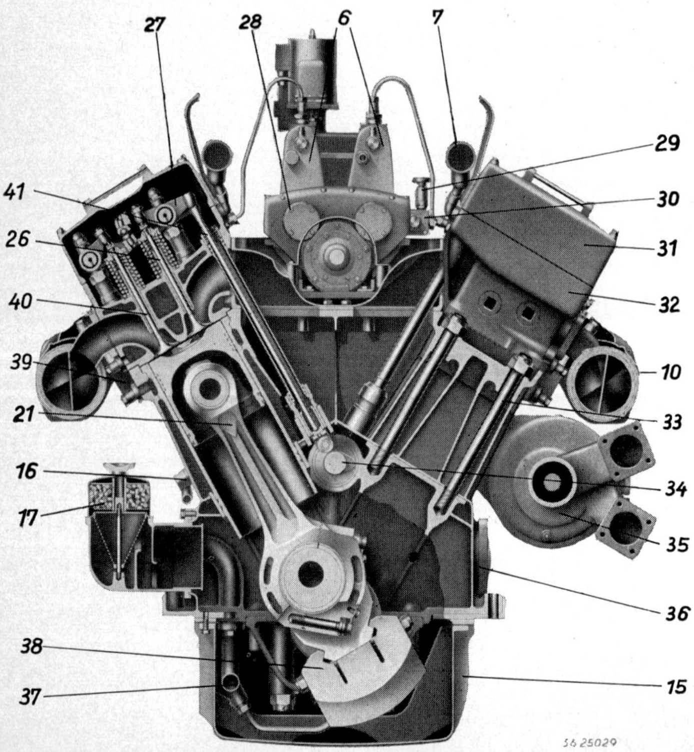

MAN-Dieselmotor

Oben: Längsschnitt

Unten: Querschnitt

1 Schmierfilter für Regler
2 Einspritzdüse
3 Regler
4 Abstellmagnet
5 Druckwächter
6 Kraftstoff-Einspritzpumpen
7 Kühlwasser-Ablauf
8 Gebläse
9 Turbine
10 Abgasleitung
11 Ölpeilstab
12 Handlochdeckel
13 Kupplungsflansch
14 Motorauflage
15 Ölwanne
16 Kühlwasser-Zulauf
17 Kurbelgehäuse-Entlüftung und Öl-Einfüllstutzen
18 Kurbelwelle
19 Schmieröl-Zufluß
20 Verkleidung des Schwingungsdämfers
21 Treibstange
22 Kolbenbolzen
23 Kolben
24 Brenner
25 Vorkammer
26 Einlaßventile
27 Kipphebel
28 Antrieb der Kraftstoff-Einspritzpumpen
29 Kraftstoff-Handpumpe
30 Kraftstoff-Förderpumpe
31 Ventilschutzhaube
32 Zylinderdeckel
33 Zuganker
34 Steuerwelle
35 Kreiselpumpe
36 Kurbelgehäuse
37 Schmieröl-Druckleitung
38 Kurbelwellen-Gegengewichte
39 Kühlwasser-Übertritt zum Zylinderdeckel
40 Auslaßventil
41 Stoßstange

Verzeichnis der E-Lok-Gattungen der Deutschen Reichs- und Bundesbahn (Stand 1971)

Baureihe neu	Baureihe alt	Bauart		Baujahr	Entwicklungsfirma mechan./elektr. Teil	Bemerkungen
103	E 03	Co'Co'	w6e	1965—	Verschiedene	
104	E 04	1'Co 1'	w3e	1933—35	A E G	
110	E 10	Bo'Bo'	w4e	1952	Verschiedene	001-005 Probeloks
110	$E\ 10^1$	Bo'Bo'	w4e	1956—	Krauss-Maffei / S S W	SSW Gummiringfeder-Antrieb
211	E 11	Bo'Bo'	w4t	1961—	Hennigsdorf	Mitteldeutschland
116	E 16	1'Do 1'	w4e	1926—32	Krauss / B B C	Buchli-Antrieb
117	E 17	1'Do 1'	w8e	1928	A E G	
118	E 18	1'Do 1'	w4e	1934—53	A E G	auch ÖBB Reihe 1018
119	E 19	1'Do 1'	w4e	1939	A E G	01-02 Probeloks
119	E 19	1'Do 1'	w8e	1939	Henschel / S S W	11-12 Probeloks
132	E 32	1'C 1'	w2u	1925—26	Schwartzkopff / B B C	
140	E 40	Bo'Bo'	w4e	1956—	Krauss-Maffei / S S W	SSW Gummiringfeder-Antrieb
141	E 41	Bo'Bo'	w4e	1956—	Henschel / B B C	SSW Gummiringfeder-Antrieb
242	E 42	Bo'Bo'	w4t	1962—	Hennigsdorf	Mitteldeutschland
144	E 44	Bo'Bo'	w4t	1930—54	Henschel / S S W	
150	E 50	Co'Co'	w6t	1956—	Krupp / A E G	z. Teil auch w6e
152	E 52	2'BB 2'	w4u	1925—26	Maffei / S S W	
160	E 60	1'C	w2u	1927—34	A E G	
163	E 63	C	w1u	1935—38	A E G	
169	E 69	B	w2t	1909—30	Krauss / B B C	umgeb. Murnau-Oberammergau
175	E 75	1'BB 1'	w2u	1928—31	Maffei-Schwartzkopff	
191	E 91	C' C'	w4u	1925—30	Krauss / S S W	
193	E 93	Co'Co'	w6t	1933—39	A E G	
194	E 94	Co'Co'	w6t	1940—56	A E G	auch ÖBB Reihe 1020
255	E 95	1'Co+Co 1'	w6t	1927—28	A E G	Mitteldeutschland
225	E 251	Co'Co'	w6t	1965	Hennigsdorf	Mitteld. f. 50-Hz-Betrieb
181	E 310	Bo'Bo'	w4e	1968	Krupp / A E G	Zweifrequenz-Probeloks
182	E 320	Bo'Bo'	w4e	1959	Verschiedene	Zweifrequenz-Loks
184	E 410	Bo'Bo'	w4e	1966	Krupp / B B C	Viersystem-Lok

Hauptabmessungen elektrischer Loks der Deutschen Reichs- und Bundesbahn

Baureihe	Achsanordnung	Dienstlast Mp	Länge über Puffer mm	Treibraddurchmesser mm	Stundenleistung PS	Dauerleistung PS	Zahl der Fahrmotoren	Antriebsart	Übersetzungsverhältnis 1:	V max km/h
103	Co' Co'	112	19 500	1250	8730	8100	6	Grf	1,74	200
104	1' Co 1'	92	15 120	1600	3000	2700	3	Westh.*)	2,94	130
110	Bo' Bo'	84	16 490	1250	5000	4900	4	Grf**)	2,896	150
116	1' Do 1'	110,8	16 300	1640	3000	2800	4	Buchli	2,63	120
117	1' Do 1'	111,5	15 950	1600	3800	3130	8	Westh.	5,11	120
118	1' Do 1'	108,5	16 920	1600	4100	3900	4	Westh.	2,794	150
119	1' Do 1'	113	16 920	1600	5500	5100	4	Westh.	1,898	180
140	Bo' Bo'	84	16 490	1250	5000	4900	4	Grf	2,111	100
141	Bo' Bo'	66,4	15 660	1250	3200	3100	4	Grf	3,608	120
144	Bo' Bo'	77,2	15 290	1250	3000	2500	4	Tatzl.	1,461	90
150	Co' Co'	126	19 490	1250	6100	6000	6	Tatzl.	3,727	100
160	1' C	72	11 100	1250	1150	980	2	Stange	4,04	55
163	C	53	10 200	1250	1000	900	1	Stange	6,412	50
175	1' B B 1'	106	15 380	1400	2500	2200	2	Stange	2,61	70
193	Co' Co'	117,5	17 700	1250	3400	3100	6	Tatzl.	1,537	70
194	Co' Co'	118,5	18 600	1250	4500	4100	6	Tatzl.	3,95	90
211	Bo' Bo'	82,5	16 260	1350	3980	3730	4	Tatzl.	2,62	120
242	Bo' Bo'	82,5	16 260	1350	3980	3730	4	Tatzl.	3,67	100
255	1' Co+Co 1'	138,3	20 900	1400	3200	2640	6	Tatzl.	5,294	70

*) Westinghouse-Antrieb, Bauart AEG-Kleinow (Federtopf)
**) Gummiringfeder — SSW

Hauptabmessungen moderner elektrischer Lokomotiven des Auslandes

Land	Stromart	Baureihe	Baujahr	Achsfolge	Stundenleistung PS	Länge über Puffer mm	Dienstlast Mp	V max km/h	Hersteller des elektrischen	Hersteller des mechanischen Teils
Frankreich	1500 V Gleichstrom	BB 9200	1957	Bo' Bo'	5200	16 200	80	160	Gemeinschaftsentwicklung	
Frankreich	1500 V Gleichstrom	CC 7100	1952	Co' Co'	4800	19 000	107	160	Alsthom Soc. Alsac.	
Polen	1500 V Gleichstrom	E 05	1955	Co' Co'	4300	18 700	120	120	Hennigsdorf	
UdSSR	3000 V Gleichstrom	N-8	1953	Bo' Bo'+Bo' Bo'	5800	24 000	160	160	Nowotscherkask	
Schweden	15 000 V 16⅔ Hz	Ra	1957	Bo' Bo'	3000	15 100	63	150		
Österreich	15 000 V 16⅔ Hz	4061	1957	Bo' Bo'	2160	16 170	67	125	Elin/SSW	WLF
Österreich	15 000 V 16⅔ Hz	1010	1955	Co' Co'	5400	17 860	110	130	Öst. SSW	WLF
Schweiz	15 000 V 16⅔ Hz	Ae 6/6	1952	Co' Co'	6000	18 400	123	125	BBC/Séchéron	SLM
Schweden	15 000 V 16⅔ Hz	Dm	1955	1'D + D 1'	5000	25 100	172	75	Asea	Motala
USA New Haven	11 000 V 25 Hz	NH	1956	Co' Co'	5400	21 184	158	145	General Electric	
England	25 000 V 50 Hz	A	1959	Bo' Bo'	3300	16 916	80	160	Thomson-Houston	Birmingham
Frankreich	25 000 V 50 Hz	BB 16 000	1958	Bo' Bo'	4900	16 200	84	160	Gemeinschaftsentwicklung	
UdSSR	25 000 V 50 Hz	N-60	1957	Co' Co'	5450	20 400	138	110	Nowotscherkask	
China	25 000 V 50 Hz	6Y2	1960	Co' Co'	6300	23 020	138	100	Alsthom	Schneider
UdSSR	25 000 V 50 Hz		1960	Co' Co'	6200	21 020	133	100	SSW	Krupp
Italien	3000 V Gleichstrom	E 444	1968	Bo' Bo'	5040	16 840	79	200	Savigliano	
Frankreich	25 000 V 50 Hz	CC 21 000	1969	Co' Co'	10 000	20 190	117	200	Alsthom	MTE

Verzeichnis der Diesellok-Gattungen der Deutschen Reichs- und Bundesbahn (Stand 1971)

Da bei den Dieselloks Motor, Getriebe, elektr. Ausrüstung und Fahrzeug von verschiedenen Firmen geliefert werden, ist in der nachstehenden Zusammenstellung ein Lieferant nicht angegeben.

Baureihe		Bauart	Baujahr	Bemerkungen
neu	alt			
270	V 20	B	1937—39	
299	V 29	B' B'	1952	1000 mm Spur, Mundenheim—Meckenheim
236	V 36	C	1937—40	Mehrere Bauarten mit Abweichungen
245	V 45	B	1952	ehemalige Saarbahnen
260	V 60	C	1955—63	
265	V 65	D	1956	Beugniot-Lenkhebel
280	V 80	B' B'	1952	
290	V 90	B' B'	1964	
211/2	V 100	B' B'	1958—65	
216	V 160	B' B'	1960—	
217	V 162	B' B'	1965—	
219	V 169	B' B'	1965	mit Gasturbine, Probelok
288	V 188	Do + Do	1941	001 und 002, 1957 umgebaut
220	V 200	B' B'	1953—59	
221	V 200¹	B' B'	1963—65	
232	V 320	C' C'	1963	
210	—	B' B'	1970—	mit Gasturbine
215	—	B' B'	1967—	
218	—	B' B'	1968—	
101	V 15	B	1959—64	Kleinlok, Mitteldeutschland
106	V 60¹⁰	D	1959—66	Beugniot-Lenkhebel, Mitteldeutschland
107	V 75	Bo'Bo'	1963	Mitteldeutschland
110	V 100	B' B'	1965—	Mitteldeutschland
118	V 180	B' B'	1960—	Mitteldeutschland
120	V 200	Co' Co'	1966—	Mitteldeutschland
130	V 300	Co' Co'	1970—	Mitteldeutschland

Hauptabmessungen von Dieselloks der Deutschen Reichs- und Bundesbahn

Baureihe		Achs-anordnung	Motor			Nenn-leistung	Art der Kraftübertragung		Länge über Puffer	Dienst-last	max km/h	Bemerkungen
neu	alt		Zahl	Zyl.	U/min.	PS			mm	Mp		
270	V 20	B	1	6	900	200	hydraulisch	Stangen	8 000	26	60	
236	V 36	C	1	6	600	360	hydraulisch	Stangen	9240	30	60	
260	V 60	C	1	12	1400	650	hydraulisch	Stangen	10 450	54*)	60	
265	V 65	D	1	6	750	650	hydraulisch	Stangen	10 600	45	80	Heizkessel
280	V 80	B' B'	1	12	1500	1200	hydraulisch	Gelenkwelle	12 800	50	100	Heizkessel
290	V 90	B' B'	1	12	1400	1100	hydraulisch	Gelenkwelle	14 000	80	70	
211/2	V 100	B' B'	1	12	1500	1100**)	hydraulisch	Gelenkwelle	12 100	61	100	Heizkessel
216	V 160	B' B'	1	16	1500	1900	hydraulisch	Gelenkwelle	16 000	75,5	120	Heizkessel
288	V 188	Do + Do	2	12	1500	2 × 1000	elektrisch	Tatzlagermotoren	22 510	147	75	
220	V 200	B' B'	2	12	1500	2 × 1100	hydraulisch	Gelenkwelle	18 470	80	140	Heizkessel
221	V 200[1]	B' B'	2	12	1500	2 × 1350	hydraulisch	Gelenkwelle	18 400	80	140	Heizkessel
232	V 320	C' C'	2	16	1500	2 × 1900	hydraulisch	Gelenkwelle	23 000	100	160	Heizkessel
210	—	B' B'	1	12	1500	1 × 2500	hydraulisch	Gelenkwelle	16 400	79	160	Gasturbine
218	—	B' B'	1	12	1500	1 × 2500	hydraulisch	Gelenkwelle	16 400	84	140	
106	V 60[10]	D	1	12	1500	650	hydraulisch	Stangen	10 940	60	60	Mitteldeutschland
110	V 100	B' B'	1	12	1500	1000	hydraulisch	Gelenkwelle	13 940	64	100	Mitteldeutschland
118	V 180	B' B'	2	12	1500	2 × 1000	hydraulisch	Gelenkwelle	19 400	78	120	Mitteldeutschland
120	V 200	Co' Co'	1	12	750	1 × 2000	elektrisch	Tatzlager	17 550	116	120	Mitteldeutschland
130	V 300	Co' Co'	1	16	1000	1 × 3000	elektrisch	Tatzlager	20 620	120	140	Mitteldeutschland

*) Mit Ballast
**) V 100[20] mit 1350-PS-Motor

Hauptabmessungen moderner Diesselloks des Auslandes

Land	Baureihe	Baujahr	Achsfolge	Motor Zahl	Motor Zyl.	Motor U/min	Nennleistg. PS	Antrieb	Länge über Puffer mm	Dienstlast Mp	V max km/h	Hersteller Motor / elektr. / mechan. Teil
Italien	D 341	1958	Bo'Bo'	1	12	1000	1320	elektr.	14 480	64	100	Fiat / BBC
England	A	1957	Bo'Bo'	1	8	850	1000	elektr.	13 106	73	120	English Electric Vulcan-Foundry
Österreich	2050	1959	Bo'Bo'	1	12	835	1450	elektr.	17 740	72	100	General Motors Henschel
Dänemark	MY	1954	(A1A)(A1A)	1	16	800	1500	elektr.	18 900	100	120	General Motors Nohab
Belgien	204	1958	Co'Co'	1	16	835	1900	elektr.	16 250	105	160	General Motors SAFB
Frankreich	060 DA	1956	Co'Co'	1	12	710	2000	elektr.	19 420	72	75	Sulzer Electr. Mécan. Alsthom
England	D 1000	1955	Co'Co'	2	18	1500	2x1650	elektr.	20 118	108	140	Napier English Electric
USA	DL-600		Co'Co'	1	16	1000	2450	elektr.	17 300	178	120	Alco General Electric
UdSSR	TE-3	1957	Co'Co'	1	10	850	2000	elektr.	17 000	128	100	Fairbanks Morse Charkow
Italien		1958	B' B'	2	8	1575	2x800	hydraul.	14 500	65	140	Maybach Ansaldo
New York Central	Xplorer	1956	B'2'	1	12	1550	1000	hydraul.	17 907	87	190	Maybach Baldwin-Lima-Hamilton
Jugoslawien		1957	C' C'	2	12	1500	2x1100	hydraul.	20 500	96	120	Maybach Krauss-Maffei
Norwegen		1957	C' C'	2	12	750	2x1000	hydraul.	17 600	90	110	Deutz
USA		1961	C' C'	2	16	1585	2x2000	hydraul.	20 100	150	110	Maybach Krauss-Maffei
England	Kestrel	1968	Co'Co'	1	16	1100	4000	elektr.	20 270	128	200	Brush Hawker/Siddeley
Frankreich	CC 72 000	1967	Co'Co'	1	16	1350	3600	elektr.	20 190	110	140	SACM Alsthom

Anhang

Abbildungen deutscher Elektro- und Diesellokomotiven

(siehe folgende Seiten)

Anmerkung

Der Bestand der älteren Elektrolokomotiven ist als Folge dieses Krieges und der Teilung Deutschlands heute sowohl auf die Deutsche Bundesbahn als auch auf die Deutsche Reichsbahn in Mitteldeutschland verteilt. So läuft der überwiegende Teil der abgebildeten Loks Baureihe E 04 auf den Strecken Leipzig — Halle — Magdeburg und Leipzig — Bitterfeld — Dessau — Magdeburg. Dort sind auch zum Teil die bei der DB nicht mehr vorhandenen Loktypen in Betrieb.

Die vorhandenen Loktypen können vollständig aus den Tabellen Seite 149 und 150 entnommen werden.

El. Schnellfahrlokomotive, Reihe 103. Erstes Baujahr 1965

El. Schnellzuglok, Reihe 104. Erstes Baujahr 1933

El. Schnellzuglok, Reihe 110. Erstes Baujahr 1956

El. Schnellzuglok, Reihe 116. Erstes Baujahr 1926

El. Schnellzuglok, Reihe 117. Erstes Baujahr 1928

El. Schnellzuglok, Reihe 118. Erstes Baujahr 1934

El. Schnellzuglok (AEG), Reihe 119. Erstes Baujahr 1939

El. Mehrzwecklok, Reihe 140. Erstes Baujahr 1956

El. Mehrzwecklok, Reihe 141. Erstes Baujahr 1956

El. Mehrzwecklok, Reihe 242. Erstes Baujahr 1962

El. Personenzuglok, Reihe 144. Erstes Baujahr 1930

El. Mehrzwecklok, Reihe 150. Erstes Baujahr 1956

El. Personenzuglok, Reihe 152. Erstes Baujahr 1925

El. Rangierlok, Reihe 163. Erstes Baujahr 1935

El. Güterzuglok, Reihe 191. Erstes Baujahr 1925

El. Güterzuglok, Reihe 194. Erstes Baujahr 1940

Zweifrequenz-Probelok, Reihe 182. Erstes Baujahr 1959

Viersystem-Mehrzwecklok, Reihe 184. Erstes Baujahr 1966

Diesellok 650 PS, Reihe 106 DR. Erstes Baujahr 1959

Diesellok, 650 PS, Reihe 260. Erstes Baujahr 1955

Diesellok, 650 PS, Reihe 265. Erstes Baujahr 1956

Diesellok, 800 PS, Reihe 280. Erstes Baujahr 1952

Diesellok, 1100 PS, Reihe 212. Erstes Baujahr 1958

Diesellok, 1900 PS, Reihe 216. Erstes Baujahr 1960

Diesellok, 2200 PS, Reihe 220. Erstes Baujahr 1953

Diesellok, 3800 PS, Reihe 232. Erstes Baujahr 1962

Schienenomnibus, Reihe 795. Erstes Baujahr 1950

Schienenomnibus, Reihe 798. Erstes Baujahr 1953

Elektrotriebwagen für S-Bahn-Dienst, Reihe 420. Erstes Baujahr 1970

Dieseltriebwagen, Reihe 183. Erstes Baujahr 1938

El. Triebwagen, Reihe 430. Erstes Baujahr 1956

Dieseltriebwagen, Reihe 624. Erstes Baujahr 1964